AF453394

y le nombre cherché, y' celui des arrangemens
lettres prises $n-1$ à $n-1$: nous chercherons,
ans la question précédente, à faire dépendre y de y'.
nt la lettre a en avant de chacun des arrangemens
autres lettres prises $n-1$ à $n-1$, on aura tous
emens de n lettres, dans lesquels la lettre a occu-
remière place, et leur nombre sera y' ; de même
t la lettre b en avant de chacun des arrangemens
ec les $m-1$ lettres a, c, d, etc. prises aussi $n-1$
on aura tous les arrangemens possibles de n lettres,
uels b occupera la première place, ce qui donnera
nombre y' d'arrangemens. En faisant le même rai-
t pour chacune des lettres c, d, etc., on obtien-
aque fois y' termes ou arrangemens. Donc, puisque
total des lettres est m, on aura en tout my' ar-
, et conséquemment la relation

$$y = my'.$$

ant par y'', y''', etc. les nombres d'arrangemens
lettres prises $n-2$ à $n-2$, de $m-3$ lettres
3 à $n-3$, etc., on aura ces autres relations con-

---

ment à droite ou à gauche des $m-3$ autres lettres
qui donnera en total $m(m-1)(m-2)(m-3)$ arrangemens de
quatre à quatre, et ainsi de suite. On apperçoit aisément
ceux qu'on peut former avec m lettres prises n à n,

$$A(m, n) = m(m-1)(m-2)(m-3)\dots\dots\left(m-(n-1)\right),$$

$A(m, n)$ ce nombre cherché d'arrangemens, et observant
facteur est toujours m, moins le nombre des lettres qu'on
d'une unité. On pourra substituer ces considérations,
uve plus simples, à celles sur lesquelles on s'est appuyé dans
résoudre le problème 2°.

$$y' = (m-1) y''$$
$$y'' = (m-2) y'''$$
$$y''' = (m-3) y^{\mathrm{iv}},$$
etc.

En passant de la première relation à la seconde[...]
à la troisième, la difficulté se réduit continuelle[...]
nombre total des lettres à arranger, ainsi que cel[...]
qui entrent dans les arrangemens, vont toujou[...]
nuant; mais comme le nombre n est $< m$, ce [...]
réduit à l'unité plutôt que m, ce qui arrivera [...]
lettres on en aura retranché $n-1$; alors m se[...]
$m-(n-1)$. Si donc on représente par $y^{(n-1)}$ (par[...]
la notation employée, le nombre des accens de [...]
jours égal au nombre retranché de n) le nombre [...]
gemens de $m-(n-1)$ lettres prises $n-(n-1)$ à [...]
ou une à une, on aura

$$y^{(n-1)} = m-(n-1),$$

puisqu'alors le nombre des arrangemens est préci[...]
à celui des lettres à arranger. Ensorte que

$$\dot{y} = my' = m(m-1)y'' = m(m-1)(m-[...]$$
$$= m(m-1)(m-2)(m-3) y^{\mathrm{iv}}\ldots\ldots$$
$$= m(m-1)(m-2)(m-3)\ldots\ldots(m-([...]$$

On peut déduire de cette formule le nombre de[...]
mens de n lettres, en les faisant entrer toutes d[...]
arrangement : il suffit d'y faire $n = m$, ce qui do[...]

$$y = x = m(m-1)(m-2)\ldots\ldots[...]$$

D'où l'on voit que la question précédente est com[...]
celle-ci.

3°. *Etant données m lettres, trouver combien ell[...]*
de produits différens de n lettres.

LE BERGER

DES ALPES.

De l'Imprimerie de P. N. ROUGERON , rue de l'Hirondelle , Hôtel Salamandre , N°. 22.

LE BERGER DES ALPES

OU MÉMOIRE

Sur la manière d'élever, de propager les Bêtes à laine d'Espagne MÉRINOS, et la race indigène dans le département des Hautes-Alpes.

Par L. E. FAURE,

Propriétaire-Cultivateur à Briançon.

Les Brebis ont des pieds d'or, et par-tout où elles les placent, la terre devient or.

A PARIS,

CHEZ FANTIN, LIBRAIRE, QUAI DES AUGUSTINS, N°. 55.

1807.

Deux exemplaires du présent Ouvrage ont été
déposés à la Bibliothèque impériale.

A MONSIEUR

TESSIER,

Membre de l'Institut de France, de la Légion d'honneur, de la société de l'École de Médecine de Paris, de la société d'Agriculture de la Seine, Commissaire du Gouvernement pour l'inspection des Bergeries Nationales.

MONSIEUR,

L'INDULGENCE avec laquelle vous avez accueilli mes premiers essais sur les moutons, la faveur que vous m'avez faite de me céder quelques animaux du superbe troupeau GILBERT TESSIER, que vous possédez

(les premiers de cette véritable race introduits dans le département que j'habite), me font espérer que vous recevrez avec votre bonté et votre bienveillance ordinaires, ce Mémoire, précis de vos utiles leçons sur la bonne éducation de la race précieuse des Mérinos, et sur la possibilité de les élever, de les conserver purs dans les Alpes, d'en améliorer les toisons, ainsi que celles des races indigènes.

Je parle aux habitans de nos montagnes un langage qui doit leur plaire, puisque leur intérêt et la prospérité publique sont l'unique but de cet écrit : aussi dois-je croire qu'en faveur des intentions et du motif, mes lecteurs s'attacheront bien plus aux choses utiles que j'ai à leur faire connoître, qu'à la manière de les exprimer. Je ne dirai au reste que ce qui émane d'une manière si lumineuse de vos écrits, de vos expériences ; des ouvrages de Daubenton, de Gilbert, et de tant d'autres amis de l'agriculture, qui se sont occupés avec succès de l'introduction et de l'éducation des bêtes à laine fines, en France.

Ma tâche sera donc remplie, si par mes observations, mon zèle et le récit de quelques essais, je parviens à donner à mes compatriotes un utile exemple, à déraciner des préjugés, des habitudes nuisibles et invétérées, à détruire la fausse opinion adoptée dans nos montagnes sur l'acclimatement des moutons, leur éducation, la conservation des races, et sur-tout si j'obtiens votre suffrage, celui de la société d'Emulation et du premier magistrat des Hautes-Alpes, qui n'administre ce département avec tant de succès , que parce qu'il accorde une protection distinguée à l'agriculture et aux arts.

J'ai l'honneur d'être , avec un respectueux attachement,

MONSIEUR ,

Votre très-humble et trés-obéissant serviteur,
FAURE.

LE BERGER DES ALPES.

CONSIDÉRATIONS PRÉLIMINAIRES,

ou

DISCOURS D'INTRODUCTION.

Les amis de l'industrie pastorale s'applaudiront enfin d'avoir réuni leurs efforts pour l'amélioration des races de bêtes à laine, puisqu'ils sont couronnés des succès les plus flatteurs, et que le Gouvernement porte plus que jamais à cette partie importante de l'économie rurale un intérêt et une protection non équivoques. Négociations constantes et fructueuses avec l'Espagne, exportations de troupeaux de choix, fondation de bergeries nationales sur les points les plus importans comme les plus convenables de l'Empire, écoles vétérinaires d'expérience et d'instruction pour les bergers : tous les genres d'encouragement et d'émulation sont offerts ; mais

le plus puissant sans doute est celui d'un
exemple éclatant autour du trône, puisque
SA MAJESTÉ L'IMPÉRATRICE-REINE ne dé-
daigne pas de faire élever, soigner et visiter
elle-même, dans sa magnifique bergerie de
Malmaison, un troupeau nombreux de
bêtes d'élite espagnoles, qui rivalise déjà
avec celui de Rambouillet (1).

------

(1) L'établissement d'un troupeau de Mérinos,
dans la ferme expérimentale de Rambouillet,
remonte à l'année 1785. M. Téssier, de l'Institut,
qui a dirigé long-temps cette bergerie nationale,
est un des premiers qui ait donné l'idée de faire
venir en France des troupeaux de Mérinos: la prospérité constante de cet établissement national
prouve, bien mieux que tous les raisonnemens possibles, que la race d'Espagne peut se naturaliser
par-tout : il est constant qu'elle a gagné en taille
sans aucune altération dans les formes, que la
laine a un peu plus de longueur sans avoir rien
perdu de sa finesse, qu'elle n'offre aucune trace
de ce poil jarreux si connu dans les laines d'Espagne, même les plus estimées : cependant le
sol de Rambouillet est en général humide, conséquemment peu favorable aux bêtes à laine :
les alliances successives des individus de ce troupeau, pris et choisis en principe dans des trou-

Par-tout (on peut le dire) des projets dans ce genre d'économie champêtre s'organisent et s'exécutent ; par-tout on s'est convaincu que le sol de la France, son climat, ses pâturages étoient favorables aux troupeaux ; que des soins soutenus et éclairés procureroient aux cultivateurs les moyens assurés de posséder, de conserver les meilleures races d'Espagne, et d'arriver, par des croisemens dirigés avec intelligence et dans les principes de la bonne éducation, à des résultats profitables et satisfaisans.

Pénétrés de ces vérités, les propriétaires amateurs de troupeaux, semblent déjà, dans beaucoup de départemens, disputer de soins et de zèle pour assurer l'im-

---

peaux différens de la Castille, de l'Andalousie, de l'Estremadoure, de Léon, de Ségovie, ont produit une race qui ne le cède en rien à la plus belle, sous le rapport de la taille, de la conformation des individus, de la finesse, de la longueur, de la douceur, du nerf et de l'abondance de la laine. (*Note de Gilbert.*)

portante conservation des bêtes à laine
superfine , la régénération des races françaises , et pour affranchir la patrie du
tribut onéreux de plusieurs millions ,
qu'elle est obligée de payer chaque année
à l'étranger pour le soutien et la prospérité de nos manufactures.

La possibilité , la facilité d'obtenir du
sol de la France des laines aussi belles
que les plus belles productions d'Espagne,
n'est donc plus un problème , parce qu'on
a su attacher un prix infini à ce bétail in-
téressant pour le commerce, l'agriculture,
pour la subsistance de l'homme, pour ses
vêtemens , pour une multitude d'objets
appropriés à ses besoins ; mais les préjugés, enfans de l'ignorance, mais les usages
barbares qui président en général à l'é-
ducation des moutons et sur-tout dans ce
département , rendroient pour nous ces
bienfaits illusoires , si le cultivateur ,
l'homme des champs, ne s'empressoit de
profiter d'exemples aussi entraînans , et
s'il ne se déterminoit pas à substituer à
une race avilie, misérable, dégradée, cou-

verte de jarre et d'une laine grossière et peu abondante , une espèce bien constituée , robuste , revêtue d'une toison épaisse , fine , et d'une valeur double, triple, et au-delà de celle qui absorbe sans profits tous ses fourrages et tous ses soins (1). Pour la plupart d'entr'eux , ces

---

(1) Il existe dans ce département un nombre assez considérable de brebis, pour donner les laines nécessaires à la consommation des manufactures du drap du pays ; mais leur grossièreté ne les rend propres qu'aux vêtemens des gens de la campagne : si cependant on trouvoit un moyen pour que telle brebis, sans diminuer son produit en lait , sans augmenter sa dépense pour frais de garde et de nourriture , produisît une quantité double de laine et d'une qualité supérieure , certainement une telle amélioration seroit regardée comme un grand avantage pour le pays, indépendamment des conséquences majeures que l'état et le commerce en retireroient ; eh bien ! le cultivateur n'a qu'à vouloir fortement et travailler à cette amélioration , à cette augmentation de fortune , suivre l'exemple d'agronomes passionnés pour les belles races , et son vœu ne tardera pas à être accompli (a).

(a) Voir les tableaux des progressions des produits annuels et d'augmentation de capitaux qui terminent cet ouvrage.   I...

raisonnemens, quoique très-concluans et très-sensibles, ne suffisent pas ; il faut des preuves matérielles, des faits qui se passent sous leurs yeux et à leur portée, pour les convaincre et les décider à faire les premiers sacrifices d'achat.

L'éducation des bêtes à laine superfine demande, il est vrai, des soins éclairés et suivis, un local convenable, des pâturages et des fourrages en proportion ; plus une mise de fonds assez considérable ; mais lorsqu'on est placé assez avantageusement pour n'être point arrêté par ces considérations, on peut sans crainte se livrer à cette spéculation agricole, que l'on doit regarder comme promettant des jouissances et des bénéfices certains ; aussi ces difficultés réunies réduisent-elles les amateurs en ce genre, à un petit nombre.

Il n'en est pas de même de l'éducation des métis. Les croisemens conviennent particulièrement aux habitans de nos montagnes, puisque les troupeaux métis n'exigent ni les mêmes avances, ni des soins aussi minutieux.

Il me paroît démontré que, dans le département des Hautes-Alpes et environnans, les produits de la tonte de l'espèce indigène sont à peu près nuls, puisque les toisons, en suint, ne pèsent en général qu'un kilogramme et demi à deux kilogrammes (trois ou quatre livres) ; que ce produit, réduit presque à la moitié par le lavage, suffit à peine pour payer les frais de garde, de nourriture des bergers et autres accessoires. Avec une espèce plus fine, on obtiendroit une plus grande abondance de laines d'un prix plus élevé ; on auroit la même quantité et la même qualité de fromages (1) sans se donner plus de peine, ni prodiguer à cette espèce améliorée plus de nourriture qu'à l'espèce indigène ; mais comme on le prouvera dans la suite de ce Mémoire, il est indispensable de renoncer

---

(1) On peut, sans beaucoup d'inconvéniens, traire une brebis métisse ; mais on s'écarteroit des principes d'un bon régime, si l'on en usoit ainsi avec des brebis de race pure, puisque ce seroit au détriment de l'espèce, de la qualité et de l'abondance des laines.

I....

à l'horrible usage d'enfermer ces malheureux animaux dans des caves, dans des bergeries voûtées et sous terre, exactement fermées, qui ne laissent que deux à trois années d'existence à chaque génération, par les maux qu'entraîne cet état d'esclavage, et l'infecte malpropreté de ces réduits, véritables prisons.

Si, malgré l'influence meurtrière de ces misérables routines, les cultivateurs ne renoncent pas à entretenir des troupeaux, c'est que les élèves, les engrais, les fromages, les chetives toisons même sont déjà un grand profit; combien ne s'accroîtroit-il pas pas encore, si des soins bien entendus parvenoient à tripler le poids des toisons et à prolonger la vie des animaux?

Imbu de ces principes et de celui tout aussi important que les troupeaux sont l'ame et la vie des propriétés rurales, conséquemment la véritable richesse de l'homme des champs, j'ai vu avec peine mes compatriotes négliger cette source inépuisable de moyens industriels, ici où tout semble avoir été créé pour le genre pastoral, puisque les montagnes des Alpes abondent en pâturages. Aussi les Provençaux, nos voisins, ont-ils su depuis long-temps juger et tirer parti de cette position avantageuse et de ces produits, en venant chaque année après les frimats, avec leurs nombreux troupeaux, nous ravir (à prix d'argent il est vrai) ces fourrages précieux, et par ce moyen augmenter leurs capitaux à nos dépens.

Sans répéter dans cet écrit tout ce qui a été si utilement, si énergiquement dit et publié sur la bonne manière d'élever, de conserver les races de moutons (1), je

---

(1) De très-bons ouvrages ont été publiés sur cette matière, et l'on s'apercevra aisément qu'en adepte zélé, je me suis pénétré des leçons des grands maîtres, les Daubenton, les Gilbert, les Lasteyrie, les Tessier, les Huzard, Carlier, Lamerville, Piclet, etc. et je n'ai eu d'autre désir en les commentant, que celui de développer des vérités utiles à mes concitoyens, qui, par l'éducation des bêtes à laine d'une meilleure race, pourront un jour de beaucoup améliorer leur sort.

me bornerai à fixer l'attention de mes lecteurs sur les principales causes de leur peu
de valeur dans ce département, sur le
meilleur parti à prendre pour arrêter le
mal qui va toujours croissant, et proposer
les moyens, connus et adaptés aux localités, d'amélioration, de conservation, soit
pour l'espèce superfine, soit pour l'espèce
indigène.

Trop heureux si je parviens à éclairer, à
persuader mes compatriotes et à propager
les utiles pratiques, fondées uniquement
sur l'expérience que j'ai acquise et sur l'intérêt des colons.

PREMIÈRE PARTIE.

Premier moyen d'Amélioration et de Conservation.

CHOIX DES BÉLIERS.

Avant que de parler des qualités indispensables aux animaux qui doivent régénérer un troupeau, il convient, ce me semble, de faire connoître les vérités constatées par des expériences souvent répétées. Elles établissent d'une manière irrésistible,

1°. Que parmi les troupeaux d'Espagne il y a des bêtes distinguées appelées *Mérinos* (1);

---

(1) Le mot *Mérinos* dérive de celui de *Marinos*, qui veut dire *d'outre mer*. Marc Columelle, oncle du célèbre écrivain de ce nom, fils d'un riche

2°. Que cette race se conserve, s'améliore en France, par des soins, une bonne nourriture, un régime bien ordonné et soutenu ;

____

métayer de Cadix, et agriculteur lui-même, qui vivoit sous l'empire de Claude, à cette époque où l'Espagne fut soumise aux armes romaines, est le premier, assure-t-on, qui, en accouplant des béliers africains avec des brebis de la race d'Espagne, a introduit et procuré par ces alliances de choix la race précieuse des Mérinos, qu'une bonne éducation, des soins, des pâturages abondans perfectionnèrent ensuite au point où elle se trouve : l'intervention, la protection du gouvernement, l'intérêt des colons firent le reste.

Les Goths, peuples barbares, les Musulmans incivilisés qui ont tour-à-tour usurpé l'Espagne, nuisirent à diverses époques à cette entreprise rurale ; mais les Maures agricoles et industrieux, qui leur succédèrent, la relevèrent en peu de temps. Plusieurs rois d'Espagne, Dom Pèdre entr'autres, qui régnoit en 1360 ; quelques ministres distingués, notamment le cardinal Ximénès au seizième siècle, s'occupèrent avec succès des moyens d'améliorer les troupeaux indigènes en les croisant avec la race de Barbarie, et donnèrent à ce joyau de la couronne d'Espagne, bien plus précieux que ses galions, tout l'éclat dont il brille aujourd'hui.

3°.Que les brebis communes de France, fécondées par des mâles Mérinos purs et d'un beau choix , donnent des premiers métis bien supérieurs à la mère , sous les rapports de la laine ;

4°. Que si les femelles provenant de ces premiers croisemens , sont bien soignées , préservées de l'approche de tout autre bélier, et fécondées à l'âge convenable , c'est-à-dire à dix-huit mois, deux ans au moins, le métis du second degré qui en provient acquiert encore une amélioration frappante ; et qu'en procédant ainsi , avec les mêmes précautions à chaque génération , on arrivera successivement à la troisième , quatrième , cinquième , en obtenant des produits égaux au père primitif.

Ces données fondamentales établies , la plus grande difficulté à vaincre consiste à se procurer les béliers monteurs qui conviennent. Le mâle influe tellement sur cette race et sur toute sa postérité, qu'il est prudent,lorsqu'on veut atteindre le véritable but, de n'en acheter que dans les établissemens nationaux (1), ou auprès de propriétaires éleveurs, connus par leur délicatesse, leur probité; car il y a des métis de quatrième et cinquième génération qui ont les apparences et les formes tout aussi séduisantes que les pères qui les ont procréés.

Le principal moyen d'amélioration consiste donc à avoir des béliers de la race pure pour étalons, afin de les allier ou aux plus belles brebis adultes, de même race, lorsqu'on veut avoir un troupeau composé uniquement de Mérinos, ou avec les plus belles brebis indigènes, lorsqu'on

---

(1) La bergerie nationale formée à Arles, département des Bouches-du-Rhône, d'une section du superbe troupeau des bêtes superfines de Perpignan, est l'établissement le plus voisin des Alpes, et le plus à portée des amateurs de ces départemens, qui pourront, à chaque vente publique annuelle, s'y pourvoir des meilleurs béliers monteurs espagnols, et de brebis de tout âge les plus parfaites; cet établissement est un vrai bienfait du gouvernement pour ces contrées.

veut améliorer par le moyen du croisement (1).

« Le beau bélier , dit Gilbert , a l'œil
» extrêmement vif , et tous les mouve-
» mens prompts et cadencés , la tête large
» et aplatie, carrée , le front évasé , les
» oreilles courtes , les cornes épaisses ,
» longues et rugueuses , contournées en
» spirales redoublées, le chignon ou occi-
» put large et épais , le col court, les
» épaules rondes , le dos cylindrique, le
» poitrail large, le fanon descendant très-
» bas, la croupe large et arrondie , tous
» les membres gros , le corps trapu et
» couvert d'une laine fine courte , frisée ,
» tassée et imprégnée d'un suint abondant

---

(1) Les formes de la race d'Espagne ne plaisent
pas à la vue du plus grand nombre des habitans
des campagnes. La prévention, qu'ils ont contre sa
configuration, est un des plus grands obstacles à la
propagation de la race superfine ; mais ces formes plaisent d'autant plus aux vrais connoisseurs
et aux amateurs, qu'elles sont le type d'une origine
pure et utile à la propagation.

» et presque noir; tout le corps est laineux
» jusqu'aux ongles. »

Il faut ajouter à ce tableau les caractères
ci-après : les naseaux courts et étroits,
le jarret ferme et bien d'aplomb, les testi-
cules gros, en forme de cœur et bien pen-
dans, le ventre grand.

Un bélier de cette forme est une véritable conquête, et ne doit être employé à la
monte que la troisième année.

Quoique la brebis ne concoure pas aussi
efficacement que le bélier à l'amélioration
de la race, sous le rapport des laines,
comme son choix influe également sur la
beauté, la régularité des formes, du cor-
sage, il convient de ne destiner aux béliers d'un bon choix, que des brebis antenoises formées ou adultes, fortes, bien
faites et en santé.

La brebis propre à la génération de la
bonne espèce, est basse sur jambes, elle
a un coffre vaste, la côte ronde, les épaules,
le rable et la croupe larges, les jarrets
bien d'aplomb, et la toison fine et tassée;

car

car plus la brebis approche, pour sa toison et ses belles formes, des qualités exigées pour le bélier générateur, plus les agneaux auront de l'avancement en amélioration; les alliances font sur les animaux le même effet que la greffe sur les arbres à fruit.

Il est facile de remarquer, par ce qui précède, que le choix du bélier est tout aussi important pour une spéculation de croisement, que pour le maintien de la race pure ; plus le père et la mère seront fins, vigoureux et bien construits, plutôt ils imprimeront ces caractères aux animaux qu'ils engendreront.

Souvent du résultat du premier croisement, il provient un agneau mâle auquel il est difficile d'apercevoir des différences sensibles d'avec son générateur ; il faut bien se garder de conserver pour étalon ce rejeton, parce qu'il est constant que très-souvent l'agneau tient plus de son ayeul et bisayeul que de son père. Or, puisque la mère de cette production étoit commune, il est possible que ce descen-

dant tienne de ses ascendans maternels,
et que les caractères de la race commune
auxquels, lui rejeton, a échappé, se repro-
duisent dans ses générations.

Cette observation est très-importante
en amélioration, ce qui porte à croire que,
jusqu'à la quatrième et cinquième génération, il faut être très-réservé sur le choix
des béliers étalons, quand bien même ces
descendans auroient dans leurs formes
les qualités requises (1); il est bien reconnu et démontré aujourd'hui que la
finesse des laines tient uniquement à l'espèce des animaux qui les produisent; que
le sol, le climat et la nourriture n'ont

____

(1) Ce choix ne pourroit se faire que pour un
troupeau de métis, encore avec beaucoup de cir-
conspection et en connoissance de cause, mais ne
doit jamais avoir lieu pour un troupeau de choix,
qui ne doit s'allier qu'avec le type le plus pur; au-
trement on feroit des pas rétrogrades, qui don-
neroient à cette dégénération, à cet abâtardisse-
ment, une rapidité étonnante et toujours croissante.

qu'une influence accessoire sur le perfectionnement des toisons.

Malgré l'opinion assez généralement
répandue que les accouplemens des pères
avec les mères, des frères avec les sœurs,
ne produisent aucune dégénération dans
l'espèce, cependant quelques personnes,
malgré ce qui arrive à Rambouillet, ont
avancé qu'il étoit plus opportun de chan-
ger les béliers tous les trois ou quatre
ans, en faisant toujours choix de ceux
qui, dans ce troupeau ou dans un troupeau
étranger, sont les plus forts et les plus
fins (1).

Quoique je ne donne pas à cette opinion
plus de crédit qu'elle n'en mérite, j'adop-

____

(1) Le contraire est indubitablement prouvé par
les expériences faites à Rambouillet depuis vingt
ans, et qui établissent comme fait constant qu'il
n'y a aucun inconvénient que le bélier exerce
sa fécondité sur la bête qu'il a produite, mais
encore sur les générations suivantes, puisque la
prospérité de ce troupeau national, qui se sou-
tient et se reproduit par lui-même, a atteint
le plus haut degré de perfection.

terois volontiers le plan conçu par ҁ. de
Collégno , éleveur très-distingué dan le
département du Pô (1) , et par M. Picte,,
aussi célèbre dans celui du Léman , qui
consiste à élaguer du troupeau général ,
chaque année à l'époque de la tonte , un
certain nombre de bêtes des deux sexes,
dont on compose ensuite un troupeau d'é-
lite ou *conservatoire* , destiné à fournir
les bêtes régénératrices les plus distinguées.

A toisons égales dans les béliers, il y a
encore des différences d'individu à individu , qui peuvent déterminer le choix; la
toison la plus parfaite n'est pas seulement
la plus fine , elle est aussi la plus serrée, la
plus égale , la plus longue, la plus chargée
de suint , la plus élastique , la plus forte ,

---

(1) Le premier est un des membres de la société pastorale de Turin , qui dirige concurrem-
ment avec ses autres collègues , et principalement avec M.M. Bens et de Lody , le superbe établissement de la Mandria : le second surveille et
dirige en vrai connoisseur son magnifique troupeau de Lancy , près Genève.

la plus exempte de jarre; la laine , la taille,
les formes et la vigueur , voilà en un mot
les meilleurs guides pour le choix de la
bonne espèce.

L'achat primitif et la conservation de
ces animaux précieux , exigent , il est
vrai , dans les commencemens , quelques
sacrifices pécuniaires ; mais on ne sauroit
trop le répéter ; cette valeur, ces avances
rentrent avec usure , par le prix même
de la laine, et par celui bien plus grand
des productions que l'on recherchera encore long-temps (1). Dans les troupeaux de

---

(1) Comme beaucoup de cultivateurs ne sont pas
en état de s'approvisionner de béliers de race , et
qu'il n'y a aucun moyen de les contraindre à en
avoir; que sans cette précaution toute amélioration
est impossible , il conviendroit, ce me semble ,
que les communes se fissent autoriser à employer
chaque année une certaine somme sur les fonds
de non-valeur , pour l'achat des béliers nécessaires à la régénération des bêtes à laine indigènes , avec défense expresse de n'admettre aucun autre bélier sans l'examen et l'avis d'une
commission composée d'agriculteurs éclairés, nommés et désignés dans chaque arrondissement par
MM. les préfets.

race , on a soin que la toison du bélier
monteur, ne comporte aucune tache noire
ou rousse; on a même l'attention de visiter
exactement la bouche de l'animal , afin de
savoir si aucun de ces inconvéniens ne se
montre à la langue ou au palais.

Indépendamment des avantages incal-
culables qui dérivent de la propagation
des bonnes races dans ce département, le
cultivateur , satisfait de sa spéculation, et
voulant lui donner chaque jour plus d'é-
tenduc, saura mieux profiter des pâturages que la nature a prodigués à pleines
mains sur nos montagnes ; avec une plus
grande quantité de meilleurs engrais , il
multipliera ses fourrages artificiels , cou-
vrira ses jachères de plantes utiles , desti-
nées à nourrir sainement un plus grand
nombre de bestiaux.

Je crois avoir assez développé ce premier moyen d'amélioration et de conservation, pour entretenir mes lecteurs
d'un second qui consiste dans une bonne
nourriture au pâturage et au râtelier.

Second moyen d'Amélioration et de Conservation.

Bonne nourriture au Pâturage et au Râtelier.

RÉGIME POUR LES PATURAGES.

Au moment où la multiplication des moutons de race espagnole, et le système des croisemens se développent par-tout avec de grandes espérances de succès , il importe essentiellement aux cultivateurs de connoître le régime le plus opportun pour les bêtes à laine de toutes les races pures ou métisses , soit dans la conduite au pâturage, soit dans la bergerie pendant l'hiver, sur-tout à cette époque critique du passage des pâturages succulens de l'été et de l'automne à la nourriture sèche des hivernages; c'est alors à une distribution bien ordonnée de fourrages et de quelques alimens frais, que se rattachent essentiellement la conservation , l'accroissement , la beauté et la prospérité des troupeaux.

D'après la manière dont on nourrit en général les moutons dans le département des Hautes-Alpes , il n'est point étonnant d'y trouver de très-mauvaises races. Pendant l'été, c'est-à-dire pendant quatre mois de l'année , on les conduit, à la vérité, sur des pâturages abondans et substantiels; mais pendant les autres mois , sur-tout en hiver , on les nourrit à l'étable avec de la paille mêlée de mauvais regain , en sorte que si, pendant à peu près un tiers de l'année, ces animaux reçoivent une nourriture conforme à leur constitution , ils perdent bien vîte ces avantages; cette parcimonie absurde suffit seule pour détériorer la race et enlever annuellement aux propriétaires les plus clairs produits de leurs troupeaux. Enfin ce régime pernicieux est le germe inévitable de plusieurs maladies.

Les terres légères , graveleuses, sèches, bien aérées, les pâturages élevés et exposés au levant et qui produisent des plantes aromatiques , sont ceux sur lesquels les brebis prospèrent , et sur lesquels encore ,

suivant

suivant l'opinion de quelques amateurs , les toisons acquièrent de la qualité (1).

Dans la saison convenable , le berger conduira tous les jours son troupeau au pâturage , il attendra que la rosée et les gelées blanches soient dissipées par la présence des rayons bienfaisans du soleil; sans cette précaution, les moutons, guidés par la faim, dévorent avec avidité les plantes humides ; cette nourriture, en relâchant leurs fibres, leur donne, il est vrai, de l'embonpoint ; mais cette graisse factice est bientôt suivie de la cachexie ou pourriture. Cet inconvénient n'en est pas un sans doute pour les animaux destinés à l'engrais et à la boucherie, mais il a toujours les suites les plus funestes pour un troupeau d'élèves et sur-tout pour les brebis portières, auxquelles les gelées blanches causent des

______

(1) Je suis fondé à le croire , puisque les laines des Mérinos que j'ai transplantés de Paris dans les Alpes, depuis trois ans , et qui ont été gouvernés d'une manière convenable , ont gagné en force, en élasticité et en abondance.

3

coliques dangereuses et sur-tout des avortemens , des indigestions , et par suite la
diarrhée.

Les terres exposées au levant conviennent donc mieux pour les pâturages du
matin ; les expositions différentes seront
réservées pour la soirée et pour le milieu
du jour, moment auquel il importe, autant
que les localités peuvent le permettre, d'a-
briter les moutons, qui d'eux-mêmes cher-
chent , par instinct, à se mettre à couvert
des ardeurs du soleil , à chommer, comme
on le dit vulgairement.

Ce soin est expressément recommandé
aux bergers , parce que par-là même que
la toison de ces animaux les garantit des
impressions de l'air froid , cette même
cause , en empêchant que l'air ne pénètre à
la surface de leur corps, les échauffe : d'ailleurs ces animaux ayant le cerveau foible ,
il est à craindre que l'ardeur du soleil ne
tombant à plomb sur leurs têtes , ne leur
cause le vertige ou le mal nommé la
chaleur, *le coup de sang* , accident

très - dangereux , si on ne lui oppose sur-le-champ la saignée, comme on le dira ci-après.

Guidées par le même instinct, les bêtes à laine veulent aussi, en abritant leur tête et leurs naseaux , se délivrer de certaines mouches qui recherchent avec avidité les parties humides de leur nez , pour y déposer des larves , espèce d'œufs , ce qui fatigue beaucoup les moutons , et devient peut-être le principe réel du vertige ou du tournis.

Les pâturages situés dans les bois doivent être évités , non seulement à cause du mal que l'abroutis fait aux jeunes pousses , mais parce que l'herbe qu'ils y paissent est aqueuse , chargée de rosée , mal saine et peu substantielle.

Il faut observer aussi que les troupeaux ne doivent être conduits sur les recoupes de trèfle , de luzerne , de sainfoin (1) et au-

----

(1) Nulle plante ne convient mieux aux bêtes à laine que les sainfoins; tous les animaux rumi-

3..

tres pâturages gras et abondans, qu'après
avoir été à peu près rassasiés dans un pâ-
quis sec ; encore est-il dangereux de les
faire séjourner trop long-temps sur de tels
pâturages, ce seroit les exposer à la maladie du gonflement, dont il sera question
à l'article *Hygiène*.

On ne sauroit trop répéter qu'un troupeau doit être conduit avec douceur, soit
qu'il aille aux champs ou revienne à la bergerie; qu'il faut l'abreuver chaque jour auprès d'une eau courante ou d'une fontaine
limpide, plutôt le soir que le matin, à

---

nans et autres la recherchent avec ardeur. Elle
donne plus d'embonpoint, de force et de lait :
les habitans des Hautes-Alpes, principalement
les Briançonnais, doivent se féliciter d'avoir introduit dans leur assolement, et donné la préférence à ces prés artificiels, naturels aux Alpes,
puisque les terres peu profondes y reposent en
général sur une couche calcaire, sont légères et
graveleuses, ce qui convient à cette plante succulente, qui d'ailleurs craint moins que la luzerne, le trèfle et autres le froid, la sécheresse
et tous les inconvéniens attachés à cet âpre climat.

cause de la distribution du sel (1), qui doit se faire de préférence au sortir de la bergerie : il faut éviter tout ce qui peut exciter les bêtes à laine à boire au-delà de leur soif ; puisqu'il est prouvé que moins une bête boit, mieux elle se porte.

On ne sauroit déterminer la proportion qui doit exister entre l'étendue d'un pâturage et le nombre de bêtes à laine qu'on lui destine ; la taille des animaux dont est composé le troupeau, est une des conditions essentielles, et qu'un bon berger ne doit jamais perdre de vue pour la proportion qui doit exister entre la quantité des pâturages ; cent bêtes d'une taille moyenne vivront très-bien sur un terrain où cinquante d'une taille plus élevée dépériront.

Passons au régime de la nourriture sèche.

---

(1) L'usage du sel pour les brebis donne de l'activité aux digestions et à toutes les sécrétions ; il ranime et réchauffe l'animal en excitant son appétit.

3...

DE LA NOURRITURE AU RATELIER.

C'est ici l'écueil de la bonne éducation des moutons. Indépendamment de tous les autres inconvéniens attachés à l'hivernage, celui de l'exiguité de la nourriture, de sa mauvaise qualité, me paroît le plus dangereux comme le plus invétéré.

Lorsque les moutons (1) ne trouvent plus assez de pâture dans la campagne, ou que le mauvais temps, les neiges et les frimats les empêchent de sortir de la bergerie, il faut bien leur donner des fourrages au râtelier; c'est ordinairement, dans ce département, dès les mois de novembre et décembre, jusqu'en avril et mai.

Le cultivateur soigneux, prévoyant, aura eu soin dans les belles saisons, ou de recueillir en temps opportun ses fourrages, et de les serrer dans ses granges,

---

(1) Je me sers indistinctement de la signification Mouton, Brebis, pour exprimer le mot de bêtes à laine.

ou de s'en approvisionner de bonne qualité, et dans la proportion du nombre de
bêtes qu'il se propose d'hiverner, précaution indispensable, et qui échappe ordinairement à la plupart des éleveurs, parce
qu'ils s'écartent des principes de la bonne
éducation. Il vaut mieux nourrir quelques bêtes de moins et les hiverner de
manière que les portières et leurs produits s'en ressentent au printemps et
pour toujours.

Ces préalables remplis, la bonne méthode est de donner tous les jours à chaque bête environ un demi-kilogramme ou
une livre de bon foin (1) ; plus, à midi,
une portion de nourriture fraîche d'en-

____

(1) On conseille pour nourriture fraîche des
pommes de terre, navets de Suède ou Rutabaga,
raves, choux, carottes, topinambours, marrons-
d'Inde, glands, les premiers coupés par morceaux
angulaires, saupoudrés de son, pour en faciliter
la trituration, la mastication, sans agacer les dents;
des résidus de plantes oléagineuses; enfin des fagots de feuilles, etc.

3....

viron un quart de kilogramme, enfin,
une affourée le soir, du poids d'un kilogramme, composée de paille d'avoine
hachée, ou de froment, ou d'un mélange
de paille de seigle avec la recoupe d'es-
parcette ou de sainfoin, luzerne, trèfle
ou herbes des champs; en sorte que par
cette distribution chaque animal ait par
jour environ deux kilogrammes de toutes
nourritures (3 livres et demi poids ordinaire) : pourvu que les portions soient
ainsi et régulièrement distribuées, cela
suffira jusqu'à la saison nouvelle; bien
entendu que cette quantité de fourrage
sera relative à la taille de l'animal; il
faut en général dans ce département des
brebis d'une taille moyenne; elle sou-
tiendront, avec bien moins de chances,
les longs hivernages, parce qu'elles sont
en général plus robustes, et qu'elles con-
somment infiniment moins.

On sait que l'herbe fraîche est l'aliment ordinaire des moutons; le fourrage
sec de l'hiver les échauffe beaucoup,

parce qu'il diminue la fluidité de la bile. Aussi voit-on ces animaux fienter dur pendant le régime sec. Ils sont altérés et boivent souvent. Ce changement dans leur manière d'être les dispose aux maladies du foie. La portion d'alimens frais conseillée, en fournissant aux moutons une nourriture modérément aqueuse, procure le double avantage d'obvier aux maladies, et de donner plus de force et de santé aux bêtes portières, sur-tout aux époques de la gestation, du part et de l'allaitement.

Je finirai cet article par une recommandation encore toute en faveur des brebis mères ; c'est aux époques ci-dessus désignées de leurs plus grandes fatigues, qu'il est bon de leur donner à l'étable pour breuvage de l'eau tiède dans laquelle on aura mêlé ou une poignée de farine d'avoine, d'orge, ou des résidus de plantes oléagineuses ; il ne faut dans aucune saison chercher à épargner les alimens. Ces animaux, par instinct, ne mangent pas

au-delà de leur appétit , lorsqu'on a soin
de leur donner chaque jour , de leur fournir ce qui leur est nécessaire ; mais si par
négligence ou par lésinerie on les aban-
donne à la faim , ils mangent alors outre
mesure , ce qui dérange leur appétit, leur
constitution , et les expose à bien des inconvéniens. On perd de toutes manières
par cette économie ou négligence mal entendue (1).

Je crois avoir établi d'une manière assez claire la possibilité d'améliorer, de
conserver la race fine et indigène par une
bonne nourriture au pâturage et au râtelier ; je pense avoir suffisamment prouvé
que c'est là tout le secret des bons éleveurs , qui, pour compléter leur système
de bonne éducation, sauront encore loger
convenablement leurs brebis.

---

(1) Dans les six premiers mois, on compte trois
agneaux pour une brebis, à six mois deux agneaux
pour une brebis , à un an les antenoises comptent
comme les mères.

Troisième moyen d'Amélioration et de Conservation.

CONSTRUCTION CONVENABLE ET BONNE TENUE DES BERGERIES.

Dans tous les pays de montagnes, plus encore que dans les pays de plaines, il existe pour le logement des bêtes à laine un préjugé extrêmement nuisible à leur éducation, et qui est une des principales causes des mauvais succès dans cette entreprise rurale; à force de tenir chaudement les bêtes à laine, on les étouffe; les écuries ou étables ont peu ou point de fenêtres, une porte hermétiquement fermée, des voûtes ou des planchers bien bas, beaucoup de fumier entassé et en fermentation pendant toute la saison de l'hivernage, peu de litière; voilà les vices ordinaires des bergeries, particulièrement dans ce département (1).

____

(1) Tant que durera la détestable habitude de réunir dans la même étable et des vaches et des

La meilleure bergerie, la plus saine, la plus commode, est celle qui se trouve établie sur un terrain sec, assez spacieuse pour que les moutons n'y soient jamais serrés, assez élevée pour que l'air n'en puisse être altéré, assez bien percée pour que l'on puisse au besoin en renouveler les courans.

Le logement des bêtes à laine ainsi disposé, il convient encore qu'il y ait dans sa dépendance une avant-cour dans laquelle elles auront la faculté de sortir toutes les fois que leur instinct les y porte. Ces réduits, bien appropriés, offriront dans tous les temps, dans toutes les saisons, un abri bien plus sûr que des hangars ou des appentis.

L'état agreste dans lequel vivent les moutons en Espagne et dans les pays propres à une bonne éducation, tels que

---

brebis, on sera loin de loger convenablement ces dernières, parce que la température chaude qui convient aux premières, est nuisible à la santé des brebis et à la qualité des laines.

l'Angleterre, la Suède , l'Italie et aujour-
d'hui beaucoup de départemens de l'Empire Français , est aussi favorable à la
santé de ces animaux, qu'à la bonté, à
l'abondance de leurs laines : aussi en
cet état demi-sauvage (1) et si près de la
nature , sont-ils moins sujets à ces épi-
zooties, dues le plus souvent à la mauvaise construction des étables, où ils res-
pirent les miasmes fétides qui s'élèvent
de leurs corps , et l'air pestilentiel produit par la fermentation de leurs excrémens: aussi, lorsque de ces étuves d'insa-
lubrité, de malpropreté et d'humidité, les
moutons passent au grand air, ils sont
saisis de froid, et cettte transition su-
bite occasionne des rhumes et toutes les
maladies qui reconnoissent pour cause

-----

(1) Dans les départemens méridionaux, il en
est de même des troupeaux qui vivent continuelle-
ment au grand air, et qui par ce régime transu-
mant deviendroient parfaits, si l'espèce en étoit
plus fine; les pâtres ou leurs propriétaires com-
mencent cependant à apprécier le bon effet des
croisemens avec des béliers de race pure.

la transpiration supprimée, et l'intempérie de l'atmosphère (1).

----

(1) Dans une bergerie bien ordonnée, il faut de temps en temps se servir de la manière indiquée par M. Guyton-Morveau, pour désinfecter et purifier l'air. Son procédé consiste à avoir un réchaud rempli de charbons allumés, sur lequel on placera une terrine pleine de cendres chaudes ; on posera sur cette cendre une autre terrine ou un vase large quelconque, dans lequel on mettra à peu près quatre onces de sel commun (muriate de soude) un peu humide, un huitième d'oxide noir de manganèse ; on versera sur cette préparation environ cinq onces d'huile de vitriol (acide sulphurique), après avoir eu la précaution de fermer portes et fenêtres: l'appareil dressé, les matières en combustion, on se retirera aussitôt pour ne pas respirer la vapeur très-abondante qui se dégagera, et qui bientôt remplira tout le local ; ou aura la précaution de ne rouvrir les portes et fenêtres que lorsque la vapeur sera entièrement dissipée : toutes autres fumigations de plantes aromatiques., usitées généralement et en pareil cas, telles que les genièvres, les absinthes, sont inutiles, et ne servent qu'à remplacer momentanément une odeur par une autre.

On conseille néanmoins de faire brûler par

Si les infirmités qu'éprouvent les bêtes
à laine proviennent en grande partie de
la malpropreté et de la trop grande chaleur des étables, il n'est pas moins constant que ces causes, qui altèrent consi-
dérablement leur santé, influent aussi
d'une manière particulière sur la qualité
des toisons.

On remédie à ces inconvéniens en re-
nouvelant la litière des bergeries, en les
purifiant toutes les fois que la moindre
odeur ou la fermentation des fumiers se
manifeste (1).

---

intervalles dans les bergeries et en présence des
moutons, du vieux cuir et de la corne pour
fumigation, mais seulement pour exciter ces animaux à éternuer, ce qui leur débarrasse les naseaux, les sinus frontaux des matières nuisibles
à leur santé.

(1) Un des moyens les plus simples, comme
le plus avantageux pour augmenter la masse des
fumiers, consiste à paver le sol des bergeries,
ou à l'endurcir d'une couche d'argile battu, et à y
jetter ensuite de la terre tamisée, sèche, ou du
sable gras nommé *nitte*; et par-dessus de la

La division ou séparation d'une bergerie en plusieurs portions est encore indispensable dans une administration bien entendue, pour empêcher les animaux les plus forts de vivre aux dépens des plus foibles, et prévenir les accouplemens prématurés, l'une des causes les plus actives comme les plus ordinaires de la dégénération : il faut avoir soin de séparer les bêtes adultes des antenoises, des agneaux coupés, destinés à être mou-

tons,

---

paille ordinaire pour litière, ou des résidus de feuilles de toute espèce. A l'aide de cette précaution, l'ammoniaque, qui se dégage des urines, se trouve absorbée, ainsi que cette odeur alkaline qui nuit si fort à la santé de l'animal, à son accroissement et à celui de sa laine : il est aisé de renouveler cette opération toutes les fois que cela devient nécessaire, et à mesure que la masse des terres, des engrais augmente, on enlève ces terres mélangées de fumier pour en former un tas dans les cours de la ferme : on aura soin de l'arroser pour exciter la fermentation des matières, qui se convertissent en peu de temps en un excellent terreau, propre sur-tout à la végétation des prairies naturelles et artificielles.

tons, des béliers monteurs enfin , et donner à chacun selon l'âge , le sexe , la taille , l'état de santé ou de maladie , les alimens , les remèdes et les soins convenables.

Malgré les succès de Daubenton pour l'éducation des bêtes à laine en plein air pendant toutes les saisons de l'année , je ne saurois conseiller d'adopter ce régime dans nos montagnes. Ce célèbre amateur , le véritable guide des bergers , a voulu prouver le plus pour obtenir le moins , et quoique très-partisan de l'éducation en plein air dans les climats qui la comportent , je pense qu'il résulteroit trop d'inconvéniens ici de l'usage du parc sans abri (1), à moins que ce ne fût pendant les mois de juin, juillet, août; des bergeries spacieuses , aérées , où règne une température modérée , une litière sèche

______

(1) D'ailleurs à cette époque de la belle saison les troupeaux occupent les châlets et les pâturages des plus hautes Alpes : il y auroit beaucoup d'inconvéniens à leur faire abandonner ces lieux de délices.

et souvent renouvelée, conviennent mieux dans ces contrées à la santé des animaux qui y sont renfermés, que des établissemens exposés à tous les accidens de la température.

Dans une bergerie bien ordonnée, la disposition des crèches a aussi son importance ; il faut placer les râteliers perpendiculairement, afin que la laine du cou, ordinairement très-fine, ne soit pas salie par les brins de fourrages ; les barreaux doivent avoir 62 centimètres ou 2 pieds de longueur à la distance de 8 centimètres ou 3 pouces les uns des autres : ces râteliers, établis ordinairement le long des murs, reposeront sur de petites crèches en forme de chéneaux de 20 à 24 centimètres d'évasure, et 12 centimètres de profondeur, pour recevoir les graines, les brins de fourrages, les menues feuilles et autres substances, telles que le sel, le son, les provendes et autres farineux ou nourritures fraîches ordonnées pour le meilleur régime.

Si la bergerie est assez spacieuse pour

contenir un râtelier double dans le milieu,
il conviendra d'y en placer un sur-tout
plus large pour recevoir les fagots de
feuilles qu'on pourroit distribuer dans
certains pays où cet usage convient.

On aura soin de tenir les crèches assez élevées pour empêcher que les agneaux
ne puissent s'y introduire, y déposer leurs
excrémens, ce qui dégoûteroit les mères;
la bergerie doit contenir le lit du berger, afin qu'il puisse, même pendant la
nuit, surveiller les accidens; les chiens
doivent avoir leurs cabanes près de la
porte, comme gardiens et sentinelles du
troupeau; ces animaux le préserveront des
loups et des indiscrets.

L'espace nécessaire pour loger les moutons se calcule d'après leur taille, on
compte au plus huit à neuf pieds carrés
par chaque bête.

Il est bon d'avoir un local séparé pour
servir au besoin d'infirmerie, puisque la
plupart des maladies graves dont sont atteintes les bêtes à laine sont épidémi-
ques, telles que la gale, la clavelée; on don-

nera à cette bergerie-infirmerie, autant que possible, l'exposition du levant; on la distribuera de manière à lui donner plus ou moins d'air, selon le genre de la maladie des bêtes, qui y seront renfermées.

Une bergerie, destinée à contenir des brebis pleines, doit avoir des portes à deux battans, moitié pleines, moitié grillées, d'environ cent quatre-vingt centimètres ou six pieds d'ouverture, dont les arrêtes soient abattues avec soin pour ne pas endommager les toisons au passage; cette précaution est nécessaire pour ne pas exposer les brebis mères à être pressées, froissées et sujettes aux avortemens.

La bergerie en été doit être plus aérée qu'en hiver; mais il est à désirer qu'on lui donne en été le moins de jour possible, à cause de la présence de certaines mouches, sur-tout pendant le gros du jour, qui s'y introduisent alléchées par l'odeur du suint, et qui fatiguent extrêmement les bêtes à laine.

Après avoir dans cette courte et simple

Instruction développé les principes généraux sur l'amélioration, la conservation
des races espagnoles Mérinos, des races
indigènes, sur la possibilité d'amener
à un point extrême de perfection, les
premières par des soins, et les secondes
par des croisemens surveillés et bien entendus, les uns et les autres administrés
convenablement: après avoir parlé de tous
les soins d'entretien, de bonne conduite
qu'exige, pour sa prospérité, ce premier
métier de nos pères, cette source de ri-
chesses pour l'agriculture, et sur-tout après
avoir combattu toutes les pratiques vi-
cieuses employées en général, et particu-
lières dans ce département, enfin proposé
un régime réparatoire, je passerai au com-
plément des moyens d'amélioration et de
conservation indispensables, je veux dire
à l'importance d'avoir un bon berger,
aux qualités qui le constituent et enfin à
tout ce qui peut contribuer à la prospérité, à l'agrandissement de cette industrie des champs : et je finirai ce petit
Traité par quelques observations d'hygiène, en indiquant les remèdes les plus

connus pour les maladies des bêtes à laine.

Avec les meilleurs béliers possibles pour l'amélioration des races, avec la nourriture la plus substantielle pour leur accroissement, et leur embonpoint, avec le logement le mieux et le plus convenablement construit, la bergerie la plus saine, la mieux tenue, la plus conforme aux principes, avec tout cet ensemble de soins, de prévoyances, de précautions et de localités avantageuses, on n'a rien fait encore, et l'on peut être exposé en peu de jours à perdre le plus beau troupeau, si l'on n'a pas un berger instruit, expérimenté, qui ait une connoissance parfaite de la plupart des maladies ordinaires aux moutons, pour les médicamenter au besoin et les guérir. C'est l'objet de la seconde Partie de cette Instruction.

DEUXIÈME PARTIE.

Nouveau moyen d'Amélioration et de Conservation.

CHOIX ET QUALITÉS D'UN BON BERGER.

Notice sur la profession de Berger et sur les charmes de la vie champêtre pastorale.

Le métier de berger, la première occupation des patriarches, a été regardé dans tous les temps comme une profession honorable, principalement à cause de son utilité, puisqu'elle procure à l'homme deux choses essentielles à son existence, le vêtement et la nourriture. Les peuples de la plus haute antiquité, les Egyptiens, les Hébreux, les Grecs et les Romains, l'avoient en vénération ; *Ovide* nous apprend que les sénateurs de Rome, rendus aux occupations paisibles des champs, ne dédaignoient pas de paître eux-mêmes leurs troupeaux.

Pascebat proprias ipse senator oves.

Des peuples plus modernes, agriculteurs et pasteurs, les Gaulois nos pères, les Maures, les Espagnols, les Anglais, les Suédois, les Saxons, les Suisses, les Français, les Hollandais, les Italiens, ont honoré tour à tour et honorent l'état de berger, la plus innocente des occupations de la campagne, à laquelle se rattachent d'une manière bien positive la plupart des bienfaits de l'économie rurale.

Citer de M. *Flamen d'Assigny* (1), sa profession de foi sur les délices de la vie pastorale et les jouissances attachées à l'habitation des champs, c'est donner la mesure du bonheur de la chaumière.

« La vie pastorale, dit cet aimable

____

(1) Ancien ministre de France, propriétaire-cultivateur dans les environs de Nevers. *Extrait des Annales de l'Agriculture française*, tom. XXVI.

agronome,

» agronome, a des charmes dont les
» habitans des villes ont peu d'idées, une
» suite continuelle de travaux et de soins
» variés qui occupent et intéressent, sans
» pouvoir causer de grandes inquiétudes,
» un doux repos après des fatigues modé-
« rées, mais toujours utiles et vers les-
» quelles un nouvel attrait rappelle sans
» cesse, la fertilité et l'abondance rame-
» nées sur les fonds dégradés, les jachères
» utilisées en faveur d'un troupeau qui
» vous doit l'existence, et qui prospère à
» vue d'œil et vous donne ce qu'il y a de
» plus précieux au monde, *l'espérance*
» *d'une félicité croissante.*

» Je m'écrierai, comme un sage : Fais,
» ô destin, que je m'attache toujours plus
» à ma charrue, et favorise mon vœu d'y
» mourir !....

» Le repos des champs est le repos sa-
» cré des muses, ce repos d'un cœur
» chaste, purifié d'erreur et rentré dans
» les mouvemens les plus doux, ce repos
» du cœur uni au plus vif essor d'un es-
» prit libre, l'essor de l'esclave affranchi.

» C'est-là qu'enveloppé de verd et d'azur
» comme d'un dictame souverain , contre
» tout regret du passé , et tout soupir
» après des biens imaginaires , je me ferai
» courtisan du soleil et lui dirai dans mon
» extase : Tu es conquérant , tu es roi ,
» tu verses également ta divine influence ;
» jamais l'homme juste n'en fut privé.

» Et revoyant ma charrue : Salut ,
» charrue, instrument vénérable , vérita-
» ble instrument de bonheur.... si tu
» donnes le pain. ... la paix.... la santé!...
» Mais tu les donnes et encore au-delà ,
» puisque bien avant la moisson , tu fais
« couler , dans le cœur de l'homme , ce
» baume de confiance et d'espoir , qui
» l'anime dans son travail et lui en adou-
» cit la rigueur ».

Cette peinture de la vie des champs
m'a paru être la touche d'une grande ame,
d'un amateur passionné de la vie agricole,
et propre à figurer dans un écrit comme
celui-ci , dont le double but est d'instruire
et de plaire.

CHOIX ET QUALITÉS D'UN BON BERGER.

Comme l'expérience est le seul et vrai guide à suivre dans les occupations de la campagne et sur-tout dans la manière d'élever les troupeaux, il seroit essentiel d'avoir dans chaque département un centre d'instruction rurale, particulière surtout pour la profession de berger. Le catéchisme du patriarche Daubenton à la main, il seroit facile d'inculquer aux jeunes gens, dévoués à la garde des troupeaux, les bons principes de l'éducation des brebis de toutes les races; il importeroit pour cela de faire des expériences sur plusieurs variétés de races, pour connoître celles qui s'acclimateroient et réussiroient le mieux dans le pays, où l'on se trouve établi.

Les artistes vétérinaires, placés dans chaque chef-lieu d'arrondissement, pourroient se charger de l'instruction curative, et un propriétaire amateur, instruit dans cette partie de l'économie rurale, à qui on donneroit le titre honorable de *Berger*

5..

conservateur de l'arrondissement, ins-
truiroit publiquement, à une époque et
dans un local convenu, de tout ce qui est
relatif à l'éducation des bêtes à laine et
propre à la profession de berger, et feroit
des élèves. A l'époque de la distribution
des prix, dans les écoles secondaires, il
il en seroit réservé pour ceux des élèves
bergers qui auroient montré de l'apti-
tude, du discernement et de l'application.

Cette idée rappelle celle des fermes ex-
périmentales, auxquelles il seroit facile et
bien utile de réunir un troupeau de choix
et d'expérience pour les croisemens ; mais
revenons à notre sujet.

Les qualités, qui constituent un bon
berger, se réduisent à trois principales qui
sont : *la fidélité, la vigilance et l'expérience.*

Le dépot précieux, confié aux bergers,
exige de leur part une probité, une fidélité à toute épreuve et de tous les instans:
plus ce gardien aura d'occasions de faire
des profits personnels, étrangers aux en-
gagemens qu'il a contractés, plus il devra

les faire tourner à l'avantage de celui qui
lui a donné sa confiance : comme la femme
de César, il faut même qu'un berger soit
exempt du soupçon; cette qualité con-
servatrice, qui doit toute entière tourner
au profit du propriétaire, est une règle
invariable, pour que celui - ci adjuge à
son tour un salaire convenable au com-
pagnon de ses travaux, et l'indemnise pro-
portionnellement à ses peines et aux gains
qu'il fera lui-même. Un bon berger doit
donc être fidèle pour lui-même, pour son
maître et pour autrui, c'est-à-dire qu'il
doit dans la conduite de son troupeau
respecter le patrimoine du voisin.

La vigilance, seconde qualité importante dans un berger, est un trésor. Les
maladies, qui affectent les bêtes à laine, peuvent aisément être prévenues par des soins
et une attention soutenue, puisque la plupart d'entr'elles sont causées par le froid
et le chaud, par l'usage des pâturages mal
sains ou trop abondans, par la qualité
des eaux offertes à l'abreuvoir ou dans l'étable, par une trop grande abondance d'hu-

meurs, par la peur, enfin par la contagion des maladies épizootiques : or, un
berger vigilant, toujours à sa besogne et
qui aime passionnément son troupeau, le
garantira des excès, des inconvéniens
qui peuvent altérer sa santé; mais le contraire arrivera à un berger ignorant et
inepte.

Entr'autres soins expressément recommandés et tous d'une importance majeure
pour l'amélioration et la conservation, il
faut qu'un berger vigilant et attentif évite
l'effet de la curiosité indiscrète des marchands bouchers, particulièrement pour
un troupeau de race ou de métis, non exposé aux ventes publiques : la manière
dont ces marchands palpent les bêtes à
laine pour juger de leur embonpoint, est
toujours dangereuse pour leur santé : d'ailleurs comme ils sont exposés à courir les
foires, à toucher beaucoup de bêtes malades, c'est par eux bien souvent que les
germes des maladies contagieuses se pro-
pagent et se communiquent.

L'expérience enfin, troisième qualité,

aussi indispensable que les deux précédentes, dépend le plus souvent du goût que tel ou tel homme a pour le métier de berger : il faut d'ailleurs qu'il ait du discernement, qu'il sache, s'il est possible, lire, écrire et compter, qu'il ait un esprit de combinaison capable de se rendre raison de tel ou tel fait, une mémoire locale qui le mette à portée de se rappeler, à chaque moment, ce qu'il convient de faire pour la bonne tenue et la prospérité de son troupeau, des moyens curatifs à employer pour telle ou telle maladie (1).

Il est indispensable, comme on l'a dit souvent, qu'un bon berger sache distinguer l'âge de ses brebis, les signes de santé, de maladie ; le moment propice à la monte, les qualités des béliers,

______

(1) Dans ce département, comme dans beaucoup d'autres, on est loin de la précaution, puisqu'on est dans l'usage de confier des troupeaux nombreux à des enfans de huit à dix ans, fidèles, vigilans si l'on veut, mais n'ayant ni les moyens ni l'expérience requise.

qu'il surveille la bonne conduite aux pâturages, la propreté, la salubrité dans les bergeries, qu'il apprécie la qualité des alimens à distribuer dans les différentes saisons, qu'il connoisse les avant-coureurs du part ou de l'agnellement, les soins nécessaires pendant la gestation, l'allaitement, le sevrage des agneaux, qu'il sache châtrer, et tondre au temps le plus opportun ; qu'il connoisse enfin et puisse distinguer les diverses qualités de laine, toutes leurs nuances et la manière de les laver, de les désuinter.

« Un bon berger, selon *Daubenton*,
« doit connoître la meilleure manière de
« soigner son troupeau, de le nourrir, de
« l'abreuver, de le faire pâturer, de le
« traiter dans ses maladies, de l'assister
« en toutes occasions, de l'améliorer, de
« faire le lavage et la tonte des laines,
« conduire son troupeau aux pâturages, le
« faire parquer, d'élever ses chiens, pour
« le garantir des loups.

Il faut enfin qu'un berger soit doux, patient, qu'il soit bien constitué et plein

de santé pour résister aux fatigues et à l'intempérie des saisons.

Voilà toute la science d'un berger et à
quoi se réduisent les occupations d'un bon
gardien, qui cependant pour être parfait,
indépendamment de tout ce qui lui est
prescrit ci-dessus, doit connoître un peu
d'hygiène, afin de pouvoir, le cas échéant,
traiter, médicamenter son troupeau ; être
conséquemment initié à plusieurs secrets
curatifs ; car tout ce qui porte atteinte à la
santé de l'animal nuit essentiellement à la
qualité, à l'abondance des laines, à son développement, à la conservation de la race;
si les moutons ont souffert, si leurs hu-
meurs sont viciées, la partie de leur substance, qui fournit la laine, éprouve alors
une altération sensible : un bon éleveur ne
doit point oublier que la toison de la brebis est la rente annuelle, tandis que son
corps en est le capital, et que tout doit ten-
dre à conserver l'un par l'autre : ce point
d'éducation me paroît approfondi et ren-
tre nécessairement dans le nombre des
préservatifs contre les maladies des bêtes

à laine ; il importe cependant d'en faire connoître les principales , et les moyens curatifs les plus usités pour les traiter et les guérir.

MALADIES DES BÊTES A LAINE.

Les plus ordinaires sont : la cachexie ou pourriture , la clavelée , le tournis , le mal aux ongles , nommé fourchet , le coup de sang , le gonflement et la gale.

CACHEXIE OU POURRITURE.

Cette maladie seroit la plus terrible , la plus dangereuse pour les troupeaux , si elle étoit contagieuse. Elle prend sa source dans les alimens et les boissons qui composent la nourriture des bêtes à laine : elle devient incurable pour peu qu'on lui laisse faire des progrès.

Elle a son siège dans le foie, vicié le plus souvent par une nourriture trop humide ; autant il est facile de prévenir cette maladie, en évitant les pâturages marécageux, couverts de rosées ou de gelées blanches ; les herbes fraîches et par trop succulentes, telles que celles des nouveaux prés, les germes de blés ou d'avoine après la moisson, l'herbe de blés en automne; autant il est difficile, presqu'impossible d'en délivrer les moutons, lorsque la maladie est invétérée.

Un berger soucieux, inquiet, s'aperçoit facilement qu'une bête est malade, lorsqu'au pâturage, comme au râtelier, elle refuse les alimens ou qu'elle les saisit avec peu d'ardeur, lorsqu'elle quitte le troupeau, qu'elle le suit avec peine, lorsqu'elle a les veines de l'œil, les lèvres, les gencives et la peau décolorées, qu'elle a la bouche puante, qu'elle cesse de ruminer et qu'elle paroît fort altérée (1).

____

(1) L'inverse, pour connoître l'état de santé des bêtes à laine, consiste dans les signes ci-après : la tête haute, l'œil vif et bien ouvert, le front et le museau secs, les naseaux humides sans viscosités, l'haleine sans mauvaise odeur, la bouche nette et vermeille, tous les membres agiles, la laine fortement adhérente à la peau, qui elle-même doit être rosée ; le jarret fort.

Indépendamment de tous ces signes non-équi-

Voilà les signes généraux par lesquels se manifeste le dérangement de santé des moutons : mais l'avant-coureur particulier et indicatif de la cachexie, est le relâchement sensible de la fibre, l'infiltration de la ganache, la maigreur, la diarrhée ; c'est le dernier degré de la maladie : à ce période elle est accompagnée de fièvre lente, et on peut regarder l'animal comme perdu (1).

---

voques, le moyen le plus sûr encore est de saisir l'animal par une des jambes de derrière ; s'il la retire avec vivacité, que ses saccades soient brusques, on peut se dispenser de tout autre examen.

(1) La pourriture est la maladie la plus ordinaire aux troupeaux du département des Hautes-Alpes, sur lesquels elle exerce les plus constans ravages : sa malignité dérive principalement du séjour dans les étables humides et chaudes, de la nourriture aqueuse et malsaine, dont les brebis s'alimentent pendant les longs hivernages dans les plaines du Piémont, où, malgré les précautions des bergers, les herbages ont cet inconvénient meurtrier. Monsieur Daubenton pense avec raison que les moutons, transplantés d'un pays sec à un pays humide, sont bien plus enclins à la pourriture.

Dans le premier degré, on conseille l'eau ferrée, une provende composée de baies de genièvre, hachées ou concassées, mêlées avec du son, de l'avoine, de la farine d'orge, du sel, une fois le jour. On peut ajouter à cette provende du colcotar ou oxide rouge de fer. Tous ces moyens sont toniques.

On administrera à jeun, à chaque bête malade, trois bols de la grosseur d'une noisette, et pendant le même espace de temps, composés avec la racine de gentiane, des feuilles d'absinthe hâchées menu ; le tout incorporé dans du miel, et roulé dans la farine d'orge ou d'avoine.

On aura soin de séparer l'animal malade, afin de pouvoir lui administrer plus commodément les remèdes indiqués, lui donner du fourrage sec, le meilleur, et du sel en plus grande abondance.

Cette maladie négligée finit par la mort.

CLAVELÉE OU CLAVEAU.

Cette maladie, plus particulièrement connue dans ces pays sous les noms de

Boussa, *Picote*, est la plus meurtrière d'entre celles qui attaquent les bêtes à laine ; elle est contagieuse, et c'est en cela que ses ravages sont plus dangereux, parce qu'elle survient le plus souvent à des animaux en général peu soignés, mal disposés et toujours à une époque de l'année peu favorable, quelquefois pendant le temps de la monte ; c'est alors qu'elle devient mortelle pour les béliers échauffés par le travail de la propagation.

Le claveau est régulier et bénin, ou irrégulier et malin ; il ressemble parfaitement à la petite vérole humaine : il suit les mêmes chances ; les bêtes à laine ne l'éprouvent également qu'une fois : lorsqu'elles en sont atteintes, leur abattement, leur pesanteur, l'inflammation qui paroît aux yeux et dans toute la tête, annoncent ordinairement l'invasion du claveau : l'éruption se manifeste ensuite par des taches rouges, dans les parties du corps privées de laine ; les boutons se forment dès le cinquième et sixième jour : il faut sur-le-champ isoler les bêtes affectées.

Au moment des premiers symptômes, il convient de rafraîchir l'animal avec de la fleur de soufre et du son, puis au moment de l'éruption, de le fortifier par une provende de graines de genièvre concassées, mêlées avec de l'avoine, et abreuver les moutons avec une infusion d'eau de lentilles; lorsque les boutons suppurent et se desséchent, il faut cesser les toniques et administrer une nourriture convenable.

Malgré le meilleur régime et tous les moyens curatifs connus, la perte dans un troupeau est ordinairement d'un dixième; tandis que les chances par l'inoculation se réduisent à un centième (1). Le moyen le plus sûr pour soustraire ces animaux aux ravages de la clavelée, c'est donc de les inoculer lorsque la contagion se manifeste dans la contrée, après les avoir

____

(1) Pour connoître parfaitement cette maladie, ses causes, ses effets, on ne connoît rien de plus complet, de plus parfait en ce genre, de mieux traité que l'Instruction de Gilbert sur le Claveau, à laquelle on renvoie le lecteur.

convenablement préparés par un régime rafraîchissant, dans le premier période de la maladie ; puis des toniques et des cordiaux, dans le deuxième.

Il convient pour cela de se procurer le virus le plus bénin (1). On inocule le

______

(1) Pour obtenir et conserver du virus claveleux, on conseille, de préférence à tous les procédés publiés jusqu'à ce jour, celui de M. Bretonneau, chirurgien dans le département d'Indre-et-Loire, approuvé par le comité de vaccine, de Paris, et consigné au tome 28 des *Annales de l'Agriculture Française*, qui consiste à présenter un tube capillaire sur un bouton ouvert, en pleine suppuration : la matière claveleuse s'y introduira et montera de suite dans toute la capacité du tube, qui, une fois plein, doit être scellé soigneusement aux deux bouts avec de la cire d'Espagne : lorsqu'on veut ensuite de la matière, on casse le tube par un des bouts, en faisant couler du tube, sur une lancette, le virus ainsi soigné, et bien plus apte à l'inoculation que tout autre, parce que ce procédé a conservé le germe dans un état de fluidité, extrêmement favorable à la propagation : c'est dans cette circonstance, principalement, que l'on doit employer le mode de fumigation, de désinfection par le gaz acide muriatique.

mouton

mouton, en faisant une ou plusieurs incisions à la face intérieure de la cuisse ou
de l'épaule, dans la partie dégarnie de
laine: cette incision doit pénétrer la peau;
mais il faut prendre garde qu'elle n'attaque pas les muscles, et qu'elle n'occasionne pas effusion de sang, et moyen-
nant une seconde lancette imprégnée du
virus, on l'insinue dans la plaie.

Il est donc clair que le procédé de l'inoculation doit être employé sans hésiter,
puisqu'il procure les précieux avantages,
après avoir disposé l'animal à le recevoir,
de diminuer ses ravages, et l'assurance de
conserver au propriétaire son troupeau
presque entier : les éleveurs de bêtes à
laine de race doivent sur-tout être les partisans zélés de cette découverte (1).

---

(1) La police rurale des campagnes, basée sur
les anciens arrêtés du conseil et des parlemens,
nonobstant la surveillance de l'autorité, est bien
négligée ; dans les communes de ce département,
cette maladie ne se manifeste heureusement et ne
se propage ordinairement qu'à une époque favorable de l'année, celle des pâturages, où elle est

TOURNIS.

Maladie connue et nommée vulgairement *lourdaine* ou *vertige,* qui fait tourner l'animal tantôt à droite, tantôt à gauche, n'attaque ordinairement que les jeunes
bêtes d'un an à deux ans et en général les
plus vigoureuses du troupeau ; le tournis
est-il causé par l'abondance de sang, par
la trop grande chaleur du soleil, ou des
bergeries, par le *tœnia,* espèce de ver qui
se réduit en hydatides ou épanchement
aqueux dans le cerveau, ou enfin par
d'autres vers qui, déposés sous forme de
larve sur les naseaux par une espèce de
mouches nommées œstre des moutons,
œstrus ovis, s'y développent, s'y nourris-
sent, y grossissent et s'insinuent dans les
sinus frontaux, causent des douleurs con-
sidérables à l'animal, qui, au bout de trois à
quatre mois, finit par succomber ?

Est-ce par une de ces seules causes à la

------

moins dangereuse. On ne sauroit être trop sévère
à cet égard, et trop zélé pour propager l'inoculation.

fois , ou par plusieurs réunies qu'est en-
gendré le tournis ?

Les auteurs qui en traitent ne sont pas
d'accord sur cet objet important : cela est
d'autant plus fâcheux que, jusques-ici, cette
maladie a paru résister à tous les secours
de l'art, et qu'il y a peu de remèdes sûrs ,
soit pour en préserver les moutons , soit
pour les en guérir.

Dans l'hypothèse que l'abondance du
sang, le soleil ou la chaleur des écuries ,
ait occasionné la lourdaine, on conseille
une saignée à la joue ; mais si c'est séro-
sité ou présence du tænia ou l'œstre dans
les sinus frontaux , on doit administrer les
injections d'absinthe infusée à froid , ou
enfin à l'extrême , pratiquer l'opération
du trépan.

Dans une maladie aussi délicate, ne
voulant et n'osant rien prendre sur moi ,
j'ai cru, pour satisfaire mes lecteurs et
l'empressement des propriétaires de troupeaux , avides de préservatifs, ne pouvoir
rien leur présenter de plus plausible, de
plus concluant que la correspondance in-

téressante sur cet objet de MM. Huzard et Pictet de Genève; le premier, vétérinaire, membre de l'institut de France, commissaire du gouvernement pour les écoles vétérinaires; le second, célèbre éleveur à Genève, l'un des coopérateurs de la bibliothèque Britannique: correspondance consignée dans le tome 22 des Annales de l'Agriculture Française, contenant l'analyse de tous les faits relatifs à cette maladie, et les probabilités les plus lumineuses sur sa cause et ses effets.

Quelques écrivains, quelques éleveurs distingués avoient pensé que, cette maladie attaquant pour l'ordinaire de jeunes bêtes, on les en préserveroit en ne les tondant pas dès la première année; qu'à cette fin, il conviendroit de leur laisser une touffe de laine sur la tête, même de ne pas les tondre; mais cette opinion, détruite par l'expérience, ne s'est point accréditée: on doit continuer, d'après les bons principes, à tondre la laine des agneaux, pour ne pas diminuer le mérite de la toison qui doit succéder et qui sera bien plus

serrée, bien plus tassée après cette première coupe, qualité essentielle des laines
pour toutes les races, mais principalement pour celle des Mérinos.

MAL AUX PIEDS,

Nommé Fourchet ou Pourriture des pieds.

Cette maladie, qui est une espèce de
panaris, est parfaitement décrite par M.
Chabert, directeur de l'école vétérinaire
d'Alfort, dans le tome 4.ᵉ des Instruc-
tions et Observations sur les Maladies des
Animaux domestiques : on la croit contagieuse et communicative par la litière des
bergeries, imprégnées du suintement des
matières purulentes qui sortent des *ser-
tissures* des ongles.

Elle est causée à la fois par le séjour
des brebis sur des fumiers humides, qui,
par l'effet du sel ammoniac qu'ils contien-
nent, attendrissent leurs ongles, y causent
des duretés, ou par les boues des chemins,
lorsque ces animaux voyagent pendant
plusieurs jours, ou enfin par la trop grande

sécheresse du sol sur lequel ils pâturent ;
ici, comme dans beaucoup d'occasions, des
causes très-opposées produisent les mêmes
effets.

Il faut alors avec un couteau en forme
de bistouri, dont il sera parlé ci-après,
couper l'extrémité de l'ongle pourri et
gâté, faire disparoître par cette opération,
ou le corps glauduleux, qui est le point
d'irritation, ou la matière et le pus contagieux lorsque la maladie est à ce période.

Dans le premier cas, on frottera le pied
de l'animal sur la partie affectée avec de
la poudre de vitriol de cuivre, communément connue sous le nom de verd d'Arau,
caustique détersif, suffisant pour arrêter
les progrès du mal.

Dans le second cas, après les incisions
convenables pour se débarrasser de la matière purulente renfermée dans le sabot,
on commence d'abord par plonger le pied
de la brebis dans une eau assez chaude
pour qu'on y puisse difficilement tenir la
main, on le retire et replonge plusieurs
fois de suite, sans le laisser plus de quel-

ques minutes à la fois, on essuie ensuite la plaie avec un linge , puis on la lave avec de l'eau de Goulard , ou du vinaigre , ou de l'acide muriatique , de l'extrait de Saturne , ou du beurre d'antimoine , et on renouvelle ce traitement une fois le jour, pendant tout le temps que durent les ulcères ; on est quelquefois obligé d'employer la pierre infernale : on aura la précaution de séparer les bêtes malades , de renouveler leur litière et de leur tenir le pied enveloppé d'un linge ou d'une bottine de cuir , de manière à préserver la partie affectée des impressions de l'air extérieur et sur-tout de l'âcreté des fumiers et des parties humides. On recommande les fumigations du gaz acide muriatique.

Cette maladie peut avoir les suites les plus funestes , si elle est négligée : le berger doit avoir soin , lorsqu'il lui vient des brebis étrangères, de les visiter soigneusement à cause de la gale , de la clavelée , de la cachexie ; mais encore à cause du fourchet, réellement contagieux dans le second cas ci-dessus décrit.

Si une brebis se rompt la jambe, on la frottera préalablement avec un linge imbibé d'huile et de vin, puis après avoir remis les os en place, on entortillera la jambe avec des linges en soutenant avec des éclisses en bois, les parties rompues. La bête ainsi soignée, séparée et bien nourrie, ne tardera pas, après quelques jours de repos, à se remettre, et à suivre le gros du troupeau aux pâturages.

COUP DE SANG OU CHALEUR.

Cette indisposition accidentelle est produite par les causes opposées à celles qui occassionnent la cachexie ou pourriture : celle-ci a lieu par l'effet des pâturages humides et malsains, l'autre par celui des alimens trop succulens et trop aromatisés : la bête affectée a les yeux enflammés, bat des flancs, souffle fortement et porte, comme dans presque toutes les maladies, la tête basse : il faut à l'instant faire usage de la saignée à une des veines de la queue, et communément à la veine orbiculaire, qui se trouve près de l'œil,

on

on laisse couler le sang , jusqu'à ce que
la piqûre se referme d'elle-même , puisqu'il n'en sort que le superflu : l'exercice,
le grand air , une décoction de sureau ,
mêlée avec un peu de sel de nitre, sont les
remèdes recommandés (1).

Cette maladie n'attaque également que
les bêtes les plus vigoureuses ; on peut
dire qu'elle est causée par une abondance de santé.

Gonflement.

Quand on veut guérir une maladie , il
faut toujours remonter à sa source, afin
d'être certain du remède.

Cette indisposition , comme la plupart
des maladies des bêtes à laine , doit être
prévenue par un berger qui connoît son
métier , puisque sa cause dérive d'une

---

(1) On ne saigne que dans les cas d'inflammation , rarement dans les temps humides, lorsque la fibre est relâchée ; la saignée n'est impé-
rieusement indiquée que dans l'apoplexie , le
coup de sang, le vertige, la maladie rouge ou
la chaleur.

trop grande abondance de nourriture fraîche, principalement des jeunes pousses de
trèfle, de luzerne, de sainfoin : on ne conduit ordinairement les troupeaux sur de
tels pâturages qu'après leur avoir fait ap-
paiser la première faim ailleurs.

Le meilleur remède conseillé en pareil
cas, c'est lorsqu'on est près des eaux , d'y
plonger à l'instant l'animal , de lui faire
avaler une cuillerée à café environ de sel
de nitre ; faute d'eau, faire courir l'animal
à toutes jambes , lui administrer un demi-
verre d'huile , et lorsque ces remèdes ne
soulagent pas l'animal , employer la se-
ringue pour pomper l'air intérieur , ou à
défaut, plonger une lame de couteau dans
la panse du côté gauche entre la dernière
côte et la hanche, l'air se dégagera aussitôt
avec la précaution de placer dans l'ouverture un tuyau quelconque de roseau ou de
sureau, pour faciliter l'évaporation du gaz;
après quelques minutes , on referme la
plaie, en la graissant avec du vieux oing :
on tiendra ensuite pendant quelques jours
la bête au fourrage sec.

GALE.

La gale se manifeste d'abord par les signes de démangeaison que donne l'animal, ensuite par les éruptions ou boutons qu'on aperçoit sur la peau : elle est contagieuse et plus particulièrement menaçante pour les troupeaux superfins : c'est pourquoi, un berger circonspect n'admettra jamais dans son troupeau des bêtes étrangères, sans les avoir scrupuleusement visitées.

Les affections de la peau sont entre tous les maux qui atteignent les bêtes à laine, ce qui fait le plus de déshonneur au berger, en prouvant sa négligence, sa malpropreté, son imprévoyance, et la parcimonie des propriétaires pour la nourriture : un troupeau bien soigné, bien surveillé, bien nourri, n'est jamais attaqué de cette maladie; s'il en paroît des signes, le berger y remédiera bien vîte, avant que le mal ait gagné tout le troupeau (1).

_____

(1) On doit profiter de cette visite, de cette

Pour prévenir cette maladie, il ne faut
donc que des soins et des précautions : cependant lorsqu'on voit une bête se gratter
le corps, il faut sur-le-champ entr'ouvrir sa
toison, pour apercevoir les boutons de
gale, qui se manifestent le plus souvent
aux parties supérieures, c'est-à-dire à la
tête et aux épaules.

On doit donner avant et pendant, une
provende de genièvre, d'avoine, de sel ;
frotter ensuite les boutons après les avoir
légèrement attisés par le moyen d'un grattoir, ou avec du tabac mâché ou infusé
dans l'eau-de-vie, ou mieux encore avec
une infusion forte et à froid, de la racine
d'ellébore, mêlée, pour la conserver, avec
une partie de sel marin ; ou enfin avec de
l'huile empyreumatique : ces remèdes,

---

inspection sur les toisons, pour délivrer les bêtes
à laine des poux de bois nommés tiques, soit en les
piquant et enlevant avec la pointe du ciseau, soit
en versant sur ces *barbezins*, c'est le nom vulgaire
du pays, une goutte de l'infusion de tabac et
d'eau-de-vie, ce qui les raccornit et les fait
périr.

malgré leur causticité, n'attaquent point
le tissu de la peau, et conservent, en gué-
rissant, la partie des laines que la gale,
par ses progrès, auroit fait disparoître (1).

Les dartres ou rognes se guérissent par
les mêmes spécifiques, avec la différence
qu'il faut traiter celles-ci plus sérieusement,
plus longuement : elles sont plus communes aux agneaux qu'aux bêtes adultes ; on
doit administrer les remèdes intérieurs
avant que d'appliquer les topiques.

Indépendamment de la connoissance
de toutes ces maladies, de leurs causes, de
tous les moyens préservatifs, curatifs, indiqués, et autres équivalens, un bon berger doit encore savoir conduire, soigner
et gouverner les brebis mères, leurs
agneaux, dans les différentes maladies,
habitudes, fonctions que la nature leur a
dévolues.

Il doit connoître l'époque de la monte,
le temps de la gestation, le moment du

____

(2) L'usage du soufre, dans les bergeries, est un
préservatif indiqué contre la gale.

part, du sevrage des agneaux, de leur castration, et distinguer les qualités des laines, leurs nuances, l'époque de la tonte, celle du lavage ou désuintage; il doit savoir connoître l'âge des brebis, et être muni de tous les outils et ustensiles nécessaires à son état; je vais parcourir rapidement tous ces objets en terminant ce Mémoire, puisqu'ils font partie de la science du berger, et rentrent dans les principes de la bonne éducation des moutons.

Soins de détail.

MONTE OU ACCOUPLEMENT.

Les mois de juin et de juillet paroissent être, dans nos montagnes, l'époque la plus favorable à l'accouplement; à cet égard il seroit imprudent de contrarier la nature, et pour cela il faut n'introduire qu'à cette époque, dans les bergeries, les béliers monteurs, doués, comme on l'a dit, de toutes les qualités requises : il seroit à craindre que, ne profitant pas des premières chaleurs, on n'exposât les brebis à ne pas retenir : indépendamment de l'avantage d'avoir des agneaux de bonne heure, on aura celui de pouvoir offrir à la monte, dès la seconde année, des ante-noises de vingt mois à deux ans, plus fortes et plus robustes (1).

La méthode en usage, dans ce département, de donner aux brebis le bélier toutes les fois qu'elles le demandent, est pernicieuse pour la race, pour la santé de l'animal, et entraîne avec elle beaucoup d'inconvéniens ; indépendamment du dépérissement de la mère, par son état continuel de mère ou de nourrice, les agneaux naissent à des époques différentes : ils exigent des soins particuliers, et de tous les momens, auxquels la plupart des bergers ne peuvent suffire, sur-tout dans un nombreux troupeau de race fine ou métisse.

____

(1) C'est une chose bien recommandée, de ne permettre le bélier qu'aux brebis de 18 mois à 2 ans, dans toutes les races, mais plus particulièrement pour l'espèce fine.

Le régime pour la nourriture des béliers monteurs, à cette époque de leurs plus grandes fatigues et de leur dépérition, doit être renforcé et soigné : l'usage d'une portion d'avoine chaque jour devient indispensable : le contingent des brebis à féconder par chaque bélier, est de vingt-cinq à trente environ; on peut aller jusqu'à quarante, avec un bélier jeune et vigoureux ; le berger aura soin d'empêcher les combats de béliers à béliers, pour éviter les accidens meurtriers qui en résultent. A cette époque de la monte, on aura soin de séparer les agnelles, ou de prendre les précautions convenables pour empêcher qu'elles ne soient fécondées (1).

GESTATION.

Les brebis, dans cet état, ne veulent

---

(1) J'ai adopté l'usage d'un tablier, ou pièce d'étoffe, attaché au-dessous de la queue, vis-à-vis la portière, de manière à laisser libres les voies d'évacuations, mais assez long pour empêcher le bélier de féconder les antenoises.

point être préssées ni froissées, soit aux pâturages, soit dans la bergerie : on doit pour elles, dans cette situation, éviter plus particulièrement les herbes humides, imprégnées de rosée ou de gelée blanche. Une mauvaise nourriture, des fatigues immodérées, la compression du ventre, une trop grande chaleur, la frayeur : voilà les causes les plus ordinaires des avortemens; pertes irréparables et dont les suites entraînent bien souvent celle de la mère et de l'agneau : c'est sur-tout aux approches de la mise bas, ce que l'on connoît aisément par le gonflement des parties naturelles, du pis, et l'apparence des mouillures ; c'est alors, dis-je, qu'il faut redoubler de surveillance, de soins, et augmenter la bonne nourriture.

PART OU AGNELLEMENT.

L'unique soin d'un berger au moment du part, est de donner aux brebis un bon breuvage au blanc, un peu tiède, une nourriture succulente. La nature fait

ordinairement le reste (1); cependant,
si, dans le travail de l'agnellement, il
survient une chaleur, une agitation outre
mesure, on fera bien de saigner l'animal;
mais dans le cas de foiblesse ou prostra-
tion de force, on recommande un demi-
verre de vin chaud ou un bol de théria-
que de la grosseur d'une noisette, en observant que l'un et l'autre de ces toniques
deviendroient nuisibles, s'ils étoient em-
ployés à contre-sens, et contre l'indica-
tion bien précise : cependant un berger plus
instruit que de coutume, pourroit bien
plus puissamment assister une brebis
pendant le part, sur-tout si l'agneau ne
se présentoit pas à la portière dans l'atti-
tude la plus naturelle, en lui donnant
seulement la direction convenable, celle
des pattes de devant sur le museau; mais
cette assistance, sans principes, seroit souvent plus nuisible qu'avantageuse: l'agneau

----

(1) Il est bon, un mois avant le part, de
séparer à cet effet les brebis pleines du reste du
troupeau.

fait, on aura soin de jetter le délivre, et de continuer des alimens restaurans, pour soutenir la bête affoiblie , et aider l'évacuation de l'arrière-faix (1).

ALLAITEMENT.

Aussitôt après le part , il est bon de visiter et la mère et l'agneau , de les rapprocher s'ils se trouvent séparés. Chez les brebis espagnoles , cette erreur de l'instinct est assez ordinaire; on aura soin, dans ce cas , de les réunir dans un réduit séparé, afin que la mère puisse lécher son agneau et s'y attacher par l'habitude d'être auprès de lui; le berger , dans ces premiers momens , aura soin d'aider à l'agneau à prendre le pis ; il le pressera pour en faire sortir le premier lait sur la bouche et les lèvres de l'agneau , et l'attacher ainsi à sa mère par cet appât naturel et le contact immédiat de la substance qui doit lui servir de nourriture (2); quelque

(1) Une infusion de sabine, à froid.
(2) Les bergers espagnols sont dans l'usage de

temps avant le part, le berger aura eu
la précaution de dégarnir le pis des parties
de laines qui l'environnent, pour ne pas
exposer l'agneau à avaler des brins de
laine en tetant, et à s'engober. Ces soins,
quoiqu'en apparence minutieux, sont très-
importans, parce qu'il est reconnu que
beaucoup d'agneaux périssent de faim et
d'engobure, c'est-à-dire que les brins de
laine, avalés peu à peu, se réunissent en
une pelotte plus ou moins considérable,
dans un de leurs estomacs, épuisent l'a-
gneau et lui donnent la mort.

Sevrage et Castration.

Après quatre à cinq mois d'allaitement,
on peut, sans crainte de nuire à leur
santé et à leur développement, s'occu-
per du sevrage des agneaux. Dans une
bergerie bien gouvernée, après la première quinzaine, les agneaux doivent
être séparés des mères, pour ne les voir

---

répandre du sel pilé sur les agneaux nouveaux nés
pour attirer les mères aupres de leurs petits.

et être allaités , d'abord cinq à six fois le jour , puis quatre , puis trois , et successivement en diminuant le nombre, avec la précaution de fournir quelques brins de menu foin , une provende de son , légèrement salée , pour les accoutumer insensiblement aux fourrages ,jusqu'au moment décisif de la séparation d'avec la mère; pourvu que ce régime soit exactement suivi , que l'agneau soit éloigné de la mère , qu'il n'entende point sa voix , le sevrage s'opérera bien vîte , et sans beaucoup d'inconvéniens.

On a généralement adopté l'usage de couper la queue aux agneaux mâles et femelles, à ceux sur-tout de la race superfine , à quatre pouces ou huit à neuf centimètres de son origine: cette mutilation doit se faire quinze jours après la naissance : cette mode pastorale a le double avantage de faire paroître la croupe de l'animal plus arrondie , de le délivrer des ordures , des buissons qui s'attachent ordinairement à la queue et la fatiguent beaucoup : on aura attention de laisser aux femelles, un ou deux nœuds de plus en longueur, pour garantir leurs pis et leurs portières des intempéries de l'air, sur-tout dans ce climat.

Beaucoup d'éleveurs sont dans l'habitude de faire l'opération aux agneaux mâles qu'on ne veut pas conserver béliers : les uns les font mutiler à l'âge d'un mois, les autres, et je suis de ce nombre, retardent la castration jusqu'à six à sept mois : en voici la raison. Quoique la bête, à cet âge, aie plus à souffrir de l'opération, on a l'avantage (les agneaux étant plus forts, plus formés), de fixer son choix d'une manière moins équivoque, sur-tout lorsqu'il s'agit de distinguer les moutons destinés à la régénération d'un troupeau de ceux qui sont uniquement destinés pour l'engrais et les boucheries : je fais faire cette opération par incision, à l'époque des pâturages nouveaux ; on frotte de suite la plaie avec de l'eau de quinquina, ce qui réussit très-bien et presque toujours sans perte et sans accidens fâcheux.

La méthode de bistourner n'est bonne

à employer que pour les béliers qui ont déjà servi, et que l'on destine ensuite à l'engrais, parce que cette manière, moins douloureuse, n'expose pas leur vie, et atteint également le but.

TONTE DES LAINES.

Les mois d'avril et de mai paroissent être ceux indiqués par la nature, dans ces montagnes, pour procéder à la tonte des laines : il me semble, en effet, que la laine doit avoir tout son accroissement, au moment de la saison nouvelle, à cette époque du printemps, où tous les êtres semblent éprouver un mouvement universel de régénération ; mais ce moment varie selon les climats ; dans les uns, si les moutons étoient dépouillés trop tôt, ils souffriroient beaucoup du froid ; dans d'autres, s'ils l'étoient trop tard, on s'exposeroit à perdre du poids de la toison, de sa qualité, de son élasticité (1).

---

(1) Il est expressément recommandé de laisser pendant quelques jours dans la bergerie, les

Pour procéder convenablement à la tonte, il convient d'avoir des tables, sur lesquelles l'animal sera attaché : on commence la tonte par le milieu du ventre, depuis le pis jusqu'au menton, et de l'extrémité des jambes en gagnant de chaque côté du cou ; jusqu'à la nuque ; des cuisses on gagne la croupe : par ce procédé, toute la toison reste liée ; puis on la réunit ensemble pour l'exposer à l'air, dans une cave sèche ou des greniers.

Après la tonte, il convient de brosser l'animal, de frotter soigneusement son corps avec une éponge imbibée d'une eau légèrement salée, pour cicatriser les blessures qu'on auroit pu faire pendant la tonte, et nettoyer toutes les ordures et saletés.

LAVAGE OU DÉSUINTAGE DES LAINES.

Le lavage à dos n'est pas admissible dans ces départemens, ni avant ni après

---

animaux dont la tonte est faite pour les accoutumer insensiblement aux impressions de l'air extérieur.

la

la tonte, à cause de l'intempérie du climat.

On entend par lavage ou désuintage des laines, cette opération par laquelle on enlève à la laine, non seulement les corps étrangers dont elle se trouve plus ou moins chargée, tels que la poussière, les brins de fourrage, le crottin ; mais encore ce liquide huileux, nommé suint, résultat de la transpiration des moutons, et dont l'abondance et la qualité varient selon les races.

Avant l''opération du lavage, il est essentiel d'ôter, à la main, ces corps étrangers, du moins la plus grande partie, de diviser les qualités des laines, suivant leurs degrés de finesse : ces préliminaires remplis, on bat la laine avec des baguettes unies et flexibles : on la place couches par couches dans de grands baquets, sans la fouler ni la presser ; on fera modérément chauffer de l'eau de rivière ou de fontaine, que l'on jettera dans les baquets ou cuviers remplis de laine, jusqu'à ce qu'elle submerge, pour laisser ainsi le tout pendant vingt-quatre heures.

Après ce temps d'infusion, on retirera
les laines des cuviers, pour les faire égout-
ter sur dé la paille fraîche et bien propre.

Cela fait, on recueillera et conservera
avec soin toute l'eau du suint, pour en
mettre quatre parties dans une chaudière;
une cinquième d'urine ou de bonne les-
sive, ou enfin d'eau de potasse ou de
savon; on fera chauffer le tout à la chaleur de cinquante degrés du thermomètre
de Réaumur, c'est-à-dire jusqu'à ce que
l'on ne puisse y tenir la main; on placera
ensuite partiellement la laine égouttée,
dans l'eau de la chaudière, ainsi combinée
et chauffée, en l'y agitant et la remuant
légèrement pendant huit ou dix minutes.
Dès que l'on s'apercevra que les mè-
ches de laine, mises en contact avec ce
liquide savonneux, en paroissent suffisamment imbibées, on les retirera, en
les déposant dans des paniers suspendus
au dessus de la chaudière, et ainsi successivement pour toute la quantité des
laines à dégraisser; ensuite on les trans-
portera près d'un ruisseau ou d'une fon-

taine limpides, pour les laver, les faire sécher plutôt à l'ombre qu'au soleil.

Tel est, en raccourci, le procédé du lavage des laines, particulièrement de celles de *Mérinos*, abondantes en suint, tel qu'il est employé en grand dans les manufactures de drap, mais assez détaillé ici pour qu'il puisse être employé par des simples propriétaires de troupeaux. Au lavage, la laine perd ordinairement les deux cinquièmes de son poids en suint.

MANIÈRE DE CONNOITRE L'AGE DES BÊTES A LAINE.

Les moutons sont :

AGNEAUX. On connoît l'âge des moutons à la dent, lorsqu'ils ont à la mâchoire inférieure huit petites dents appelées dents de lait.

ANTENOIS, Lorsqu'au commencement de la deuxième année, l'animal perd les deux dents du milieu, qui sont remplacées par deux autres dents plus larges et plus longues.

ADULTES,

Lorsqu'au commence-
ment de la troisième année,
il lui tombe une dent de
chaque côté des premières,
et qu'à leur place il en vient
deux semblables aux pré-
cédentes. — A la quatrième
année, même chûte de cha-
que côté et même rempla-
cement.

A la cinquième année, les
dents de lait les plus recu-
lées tombent, et sont remplacées par de plus larges
appelées coins; on dit alors
que le mouton a la bouche
ronde, a la bouche faite.

A la sixième année, les
deux pinces ou dents du
milieu tombent, et successivement deux de chaque
côté, chaque année et dans
le même ordre qu'elles
étoient venues, jusqu'à la
neuvième, dixième année;
mais la race espagnole
conserve bien plus long-

temps les dents que la race ordinaire; c'est une exception, un brevet de longévité en faveur de cette espèce ; ce qui doit nous faire sentir tout l'avantage de la posséder, de la conserver.

OUTILS ET USTENSILES NÉCESSAIRES A UN BERGER.

Ce sont : une lanterne.

Une brouette.

Deux seaux.

Un couteau en forme de grattoir, ayant une lancette,

Une pannetière.

Un sac doublé de peau en forme d'havre-sac, pour porter les agneaux nouveaux-nés.

Une boëte en plomb contenant du tabac en feuilles.

Autre boëte de fer-blanc, contenant de la poudre de vitriol de cuivre ou couperose bleue.

Une houlette.

Une flûte ou fifre.

Un ou plusieurs chiens.

DIFFÉRENTES MANIÈRES DE MARQUER LES BÊTES A LAINE.

Avec une marque en bois , ou un pinceau , il est facile , immédiatement après la tonte, de faire une empreinte sur les moutons , de manière à les reconnoître parmi d'autres troupeaux : il faut pour cela adopter une couleur qui tranche avec la toison : les bêtes chargées de suint sont plus difficiles à marquer; ainsi, le fond (1) de la composition de la drogue , à l'air et à la pluie , est ainsi conseillé :

Une portion d'esprit de vin , mêlée avec de l'essence de térébenthine , du cinabre ou noir de fumée , de la glaire d'œuf;

---

(1) C'et pour cette raison que j'ai donné la préférence à la manière de marquer les bêtes à laine en leur attachant au cou une petite médaille en cuivre portant un numéro qui doit correspondre avec celui d'un journal particulier, afin d'avoir la connoissance de l'origine de la bête, de sa progéniture et de sa fin..... Les Espagnols marquent les bêtes avec un fer rouge à la joue et sur les cornes.

broyer, mêler le tout avec du verd,
du blanc, du rouge, ou telle autre couleur qui conviendra au propriétaire du
troupeau; si on se décide pour le noir,
laisser dominer le cinabre.

CONCLUSION.

Je terminerai cet écrit par l'énuméré
des divers obstacles qui s'opposent en général au succès de l'éducation des bêtes à
laine, de cette entreprise si profitable
aux habitans des campagnes : mettre en
opposition les inconvéniens, avec les
avantages immenses qu'on peut retirer de
cette spéculation agricole, c'est lui obtenir une préférence prononcée et bien dé-
cisive.

Les motifs généraux de découragement
et ceux particuliers au département des
Hautes-Alpes sont :

1.º L'éloignement, l'impossibilité où
sont la plupart des propriétaires de faire

la dépense des constructions des bergeries nouvelles et de l'achat des béliers de race.

2.º L'impatience naturelle à l'homme, sur-tout à celui des campagnes, de jouir le plutôt possible du fruit de ses travaux.

3.º La fausse opinion adoptée que les races superfines et améliorées sont plus délicates que la race commune, et sujettes à plus de maladies.

4.º Le prétexte erroné que la race espagnole, ou métisse, ne prend pas aussi bien la graisse pour la vente, l'usage des salaisons dans les pays de montagnes et les boucheries.

5.º La mauvaise habitude de faire garder en commun les bêtes de tout âge, de toutes races, de tout sexe : confusion déréglée contraire aux principes, et qui entraîne nécessairement une détérioration sensible dans les individus et dans l'espèce.

6.º La cherté des fourrages, la difficulté de les recueillir sur le sommet des Alpes et d'en faire le transport dans les habitations d'hiver.

7.º

7.º La difficulté, pour ne pas dire l'impossibilité , de conserver sains , pendant
plusieurs années, des moutons hivernés
dans les plaines du Piémont ; la qualité
des herbages de ce pays humide et gras ,
développant chez la plupart de ces animaux le germe de la pourriture, malgré
tous les soins et toutes les précautions des
bergers.

8.º La préférence que l'on donne bien
mal à propos à l'hivernage des vaches sur
celui bien plus profitable des bêtes à laine.

9.º Enfin , le danger de trop engraisser
les troupeaux pendant l'été, sur-tout les
bêtes fines qu'on ne doit point traire, dans
les excellens pâturages que nos montagnes
renferment.

Mais toutes ces craintes , tous ces vains
raisonnemens, ces futiles objections dis-
paroîtront (j'aime à le croire) , à la lec-
ture de cette Instruction, si on se pénètre
sans prévention et avec le désir sincère de
s'instruire , des bons principes qu'elle
renferme sur l'éducation des moutons ,
et sur le véritable régime des bergeries ,

9

principes que je crois avoir suffisamment exposés.

Les partisans du système contraire seront donc ou de bien mauvaise foi, ou bien aveuglés sur leur propre intérêt et sur celui de la patrie, s'ils ne partagent mon opinion sur les bienfaits de cette spéculation agricole. Trop long-tems courbés sous le joug de la routine et des préjugés, les cultivateurs, ceux de ce département qui m'intéressent plus particulièrement, doivent être convaincus par des faits aussi concluans et des exemples aussi entraînans, bientôt par leur propre expérience, *que les bêtes de race réussissent avec des soins dans tous les climats sans dégénération ; que les bêtes indigènes s'améliorent sensiblement par des croisemens bien entendus,* et que cette double conquête n'a besoin, pour faire des progrès et se soutenir dans tout son éclat, que de la volonté ferme et des efforts réunis de tous les agriculteurs intéressés à se l'approprier.

Un seul exemple des produits de cette amélioration suffira pour convaincre les plus incrédules et les moins empressés.

On nourrit chaque année, pendant la saison de l'hiver, dans l'arrondissement de Briançon, environ quarante mille bêtes à laine (1). Cette race du pays, mal gouvernée, rend pour l'ordinaire à la tonte un kilogramme et demi ou trois livres de laine en suint par chaque bête ; le lavage réduit ce produit à trois quarts de kilogramme ou une livre et demie. Cette laine, estimée suivant le prix moyen à un franc vingt-cinq centimes la livre, produit pour la première année la somme de 75,000 f.

A la seconde année, ce produit en laines sera le même, sauf la tonte des premiers agneaux métis, tondus à six mois, et seulement ici pour mémoire. . . . . Mémoire.

S'il est démontré qu'à l'aide des croisemens bien soignés, les premiers métis donnent, dès la seconde année, plus de laine et d'une qualité plus fine, le produit des quarante mille

____

(1) Le triple en été.

9..

bêtes, en ne le portant qu'à un kilogramme, ou deux livres l'une, à raison d'un franc cinquante centimes, à cause de la différence de finesse, supérieure à la tonte, ce produit, dis-je, s'éleveroit, dès la troisième année, à une somme double. . . . . 150,000 f.

En ne calculant toujours qu'au *minimum*, pour la quantité des laines, leur degré de finesse, les métis de la troisième génération rendront, en laines lavées, environ un kilogramme et demi, c'est-à-dire trois livres par chaque bête ; cette laine, encore plus fine que les précédentes estimées à deux francs l'une, donnera, la quatrième année.

. . . . 240,000 f.

Et ainsi progressivement jusqu'à la quatrième, cinquième et sixième génération, époque où les mères métisses épurées devenant portières à leur tour, et remplaçant les premières brebis génératrices indigènes, augmenteront ainsi la valeur du capital, et seront égales pour la beauté des toisons et leur prix , aux productions les plus estimées d'Espagne. Ce qui a fait dire à un apôtre distingué de l'industrie pastorale : que la toison de chaque brebis devoit rendre un jour en bénéfice la valeur d'un *napoléon*.

La conquête de cette nouvelle toison d'or est faite ; les écrits , les expériences, les conseils des agronomes estimables et éclairés, qui ont traité cette matière, nous ont conduits comme par la main à ces heureux résultats : c'est à nous d'en retirer tous les avantages promis ; car on peut le dire avec vérité : la bête à laine est un des présens les plus précieux, que l'auteur de la nature ait fait à l'homme , elle réunit à elle seule un nombre infini d'objets d'utilité générale : cette branche d'industrie a été et sera dans tous les temps l'aliment principal de l'agriculture et du commerce ; elle est de tous les lieux , de tous les âges ; aussi mérite-t-elle , à elle seule, autant d'encouragement et d'éloges que toutes les autres réunies. C'est avec raison que la corne du bélier fut chez les anciens peuples l'emblême de l'abondance.

J'ai eu pour but dans ce Mémoire de faire connoître à mes compatriotes les meilleurs moyens d'amélioration et de conservation des bêtes à laine surperfines et métisses ; un jour le cultivateur, fidèle aux principes que j'ai consacrés, s'étonnera lui-même du degré de finesse et de beauté auquel il aura porté la race des Mérinos, du perfectionnement qu'auront atteint les chétives brebis indigènes, qu'il élève aujourd'hui si péniblement; alors leurs précieuses dépouilles auront doublé son aisance, et, dans un avenir plus éloigné, tripleront celle de ses enfans.

Si ce Mémoire, fruit de mes expériences, de mon amour pour la vie pastorale et de mon dévouement pour le bien de mon pays, peut être utile, mon vœu le plus cher est accompli.

FIN.

TABLE.

Soins de détail.

Fin de la Table.

NOTICE

Des principaux Ouvrages qui se trouvent chez Louis FANTIN, libraire, à Paris, quai des Augustins, N°. 55.

Avec-les Prix, brochés.

Tableau des Révolutions de l'Europe, depuis le bouleversement de l'empire romain en Occident jusqu'à nos jours, orné de cartes géographiques, par Koch, 3 vol. in-8.° Paris, 1807.   . .   24 l.

Code de Procédure civile et conférence de ce code avec les lois précédentes, à laquelle sont ajoutées des observations propres à résoudre les difficultés que pourroit faire naître l'exécution de tels ou tels articles, par Dufour, 2 vol. in-8.° Paris, 1807.   .   10 l.

Œuvres de Lacretelle aîné, 2 vol. in-8.°, 1807.   10 l.

Petite Encyclopédie poétique, ou choix de Poésies dans tous les genres, 15 vol. in-18. Paris, 1806. 30 l.

Théâtre classique, in-8°. Paris, 1807. Ouvrage adopté pour l'enseignement dans les Lycées. 4 l. 10. s.

Campagnes des armées françaises en Prusse, en Saxe et en Pologne, en 1806 et 1807, 4 vol. in-8.° Paris, fig.   .   .   .   .   .   23 l.

Cuisinier Impérial, ou l'Art de faire la cuisine et la pâtisserie pour toutes les fortunes, in-8.° Paris, 1807.   .   .   .   .   .   6 l.

Abrégé chronologique de l'histoire des ordres de la chevalerie, depuis 1113 jusqu'en 1807, par Dambreville, in-8.° fig. Paris, 1807.   .   .   .   12 l.

Du Gouvernement des Romains, considéré sous le rapport de la politique, de la justice, des finances et du commerce, par Bilhon, in-8.° Paris, 1807.   .   4 l.

Cours de Géométrie pratique, appliquée à la mesure des objets de commerce, assujettie au système métrique, par Bazaine, in-8.° fig. Paris, 1807.   .   6 l.

Géographie universelle descriptive , historique , industrielle et commerciale des quatre parties du monde, par Guthrie, trad. de l'anglais, nouvelle édition augmentée , 9 vol. in-8.º, atlas in-folio. Paris ,1807. 57 l.

Voyage dans les départemens du midi de la France, par Millin, 2 vol. in-8.º et atlas in-4.º contenant 52 planches. Paris , 1807.   .   .   . 36 l.

Corinne , ou l'Italie , par Madᵉ. de Stael , 3 vol. in-12. Paris , 1807.   .   .   . 9 l.

Souvenirs de Félicie, par Mad. de Genlis, 2 vol. in-12. Paris , 1807.   .   .   .   . 5 l.

Mémoires particuliers , extraits de la correspondance d'un voyageur avec feu de Beaumarchais, sur la Pologne, la Russie, la Crimée, etc. in-8.º Paris , 1807. 5 l.

Traité de la police de Londres, par Colquhoun, trad. de l'anglais , 2 vol. in-8.º Paris , 1807.   .   . 10 l.

Tableau des révolutions du système politique de l'Europe depuis la fin du quinzième siècle , par Ancillon, 7 vol. in-12. Paris , 1807.   .   . 20 l.

Histoire de Pologne depuis son origine jusqu'en 1795 , 2 vol. in-8º. Paris , 1807.   .   .   . 10 l.

Dictionnaire textuel , analytique et raisonné du code de procédure civile , par Dauberton , 2 vol. in-8º. Paris , 1807.   .   .   .   . 7 l.

Géographie mathématique , physique et politique de toutes les parties du monde, par Mentelle et Malte Brun , 16 vol. in-8º. atlas in-fol. Paris , 1807.   160 l.

Formulaire général des actes ministériels, extrajudiciaire et de procédure, par Dauberton , in-8º. Paris, 1807.   .   .   .   . 8 l.

Cours de Littérature, extrait des meilleurs auteurs , par Levizac. 4 vol. in-8º. Paris , 1807.   .   . 24 l.

Histoire de Pologne , par Ruilhière , 4 vol. in-8º. Paris , 1807.   .   .   .   .   . 21 l.

Tableau de la Pologne , faisant suite à l'histoire précédente , in-8.º 1807.   .   .   . 6 l.

Traité Elémentaire de Minéralogie avec ses applications aux arts. Ouvrage pour l'enseignement dans les lycées, par Brognart, 2 vol. in-8º. Paris, 1807.   15 l.

(5)

Principes généraux de Belles-Lettres, par Domairon,
3 vol. in-12. Paris, 1807. . . . . 9 l.

Guide des Voyageurs en Europe, par Reichard, 2 v.
in-8.º et atlas, in-4º. Paris, 1807. . . . 18 l.

Dictionnaire raisonné et abrégé d'histoire naturelle,
2 vol. in-8º. Paris, 1807. . . 16-l.

Nosographie chirurgicale, par Richerand, 3 vol. in-8.º
Paris, 1807. . . . 21 l.

Charlatanisme philosophique de tous les âges, ou
histoire critique des plus célèbres philosophes, par
Bourniseaux, 2 vol. in-8.º Paris, 1807. . . 8 l.

Cours de Littérature, par Laharpe, 19 vol. in-8º. 88 l.

Correspondance Littéraire du même, 6 vol. in-8º.
. . . . 23 l.

Suétone, trad. par le même, 2 vol. in-8.º fig. 15 l.

Œuvres posthumes du même, 4 vol. in-8.º Paris,
1806. . . . . 24 l.

Nouveau traité de procédure civile, contenant une
instruction sur la manière de procéder devant les justi-
ces de paix, les tribunaux civils de commerce et d'ap-
pel, 3 vol. in-8º. Paris, 1806. . . . . 16 l.

Dictionnaire nouveau général des drogues simples
et composées, de Lemery, revu, corrigé et augmenté
par Morellot, 2 vol. in-8.º avec 20 planches Paris,
1807. . . . . 15 l. 10 s.

Nouveau parfait Notaire, par Massé, 2 vol. in-4.º
1806. . . . . . 33 l.

Dictionnaire abrégé des Mythologies de tous les
peuples policés et barbares, 2 gros vol. in-18. Paris,
1807. . . . . . . 6 l.

Cours d'étude, par Condillac, 23 vol. in-8.º Paris,
1798. . . . . . 85 l.

Cours complet d'agriculture, par Rozier, 12 vol.
in-4.º fig. Paris. . . . 150 l.
— — in-4º. vol. XI et XII. . 30 l.

Cultivateur anglais, ou Œuvres choisies d'agriculture, d'économie rurale et politique, par Arthur-Young,
trad. de l'anglais, 18 vol. in-8º. fig. Paris, 1802. 108 l.

Dictionnaire des Arts, de gravure, peinture et sculp-
ture, par Vatellet, 5 vol. in-8.º Paris, 1792. 36 l.

Dictionnaire de la Fable , ou Mythologie grecque , latine, égyptienne, celtique , par Noël , 2 vol. in-8.° Paris , 1803. . . . . 21 l.
—— abrégé , gros in-12. . . 5 l.

Dictionnaire d'histoire naturelle , par Valmont de Bomarre , 15 vol. in-8.° . . . . . 60 l.
— historique des Grands-Hommes , 13 vol. in-8°. Lyon , 1804. . . . . . . 78 l.

Idem. Supplément aux précédens , édition in-8°. , 4 vol. Lyon , 1805. . . . . . . 30 l.

— Géographique , nouvelle édit. augmentée , in-8°. Paris , 1807. . . ' . 9 l.

— bibliographique des Livres rares , par Cailleau , 4 vol. in 8°. Paris. . . . 27 l.
— de la Géographie commerçante , par Peuchet , 5 v. in-4°. Paris , 1800. . . . 75 l.
— des Arbitrages simples , considérés par rapport à la France dans les changes entre les villes commerçantes , tant de l'Europe que des quatre parties du monde , par Corbeaux , 2 gros vol. in-4°. Paris , 1802. . 36 l.

— espagnol et français de Gattel , 2 vol. in-4.° Lyon, 1804. . . . . 36 l.
—— par Séjournant , 3 vol. in-4°. . 24 l.
—— par Sobrino , 3 vol. in-4°. . 24 l.

Répertoire du théâtre Français , ou recueil de toutes les comédies et tragédies restées au théâtre depuis Rotrou , recueillies par Petitot , 23 vol. in-8°. fig. Paris. . . . . 150 l.

Dictionnaire universel de commerce , banque , manufactures , douanes , pêche , navigation marchande , des lois et administration du commerce , 2 gros vol. in-4.° Paris , 1805. . . . 42 l.

— de l'Académie , 2 vol. in-4.° 5e. édition. 30 l.

Tableau historique , statistique et moral de la Haute-Italie et des Alpes qui l'entourent , par Denina , in-8°. Paris , 1805. . . . . . 5 l.

Essai sur les traces anciennes du caractère des Italiens modernes , des Siciliens , des Sardes et des Corses , par Denina , in 8.° Paris , 1807. . . 2 l. 10 s.

Leçons d'Anatomie comparée , par Cuvier , 5 vol. in-8°. fig. Paris , 1805. . . 34 l. 10 s.

—— les trois derniers volumes séparément. . 24 l.

Petite Maison rustique ou Cours théorique et pratique d'agriculture, d'économie rurale et domestique, d'après Rozier, Parmentier, etc. 2 vol. in-8°. fig. Paris, 1805. . . . . 15 l.

Traité théorique et pratique sur la culture des grains, suivi de l'art de faire le pain, par Parmentier, 2 vol. in-8.° Paris, 1802. . . . 12 l.

—— de la Culture de la vigne, avec l'art de faire les eaux-de-vie, vins et vinaigres, par Rozier, Chaptal et Parmentier, 2 vol. in-8.° fig. Paris, 1801. . 15 l.

Art de faire les eaux-de-vie et vinaigres, par Chaptal, in-8°. . . . . 3 l.

— — les vins, in-8°. par le même. . 3 l.

— du parfumeur, ou Traité complet de la préparation des parfums, in-8°. . . . 6 l.

—de faire les liqueurs, in-8°. Paris, 1806. 7 l.

Philosophie de la nature, ou Traité de morale pour le genre humain tiré de la philosophie et fondé sur la nature, 7me. édition, 10 vol. in-8°. fig. Paris, 1804. 60 l.

Précis de l'Histoire Universelle, par Anquetil, 3me. édition, 12 vol. in-12. Paris, 1807. . . 36 l.

Grammaire générale et raisonnée de Port-Royal, in-8°. Paris, 1803. . . . 5 l.

Histoire philosophique de la révolution de France jusqu'à toute l'anné 1806, 10 vol. in-8°. 5e. édition, par Fantin Desodoarts. Paris, 1806. . 40 l.

Cours d'anatomie médicale, ou Élémens de l'anatomie de l'homme, par Portal, 5 vol. in-8°. Paris, 1803. 30 l.

Spectateur Français au XIX.e siècle, ou Variétés morales, politiques et littéraires recueillies des meilleurs écrits périodiques, 4 vol. in-8.° Paris, 1807. 19 l.

Géographie ancienne et historique, composée d'après les cartes de Danville, contenant l'origine, la situation, les mœurs et coutumes de tous les peuples de l'antiquité, etc. 2 vol. in-8.° et atlas in-fol. composé de 25 planches. Paris, 1807. . . . 24 l.

Œuvres d'Horace, trad. en vers francais, par Daru, 4 vol. in-8°. avec le texte. Paris, 1805. . 15 l.

Satires de Juvenal, trad. par Dusaulx, 2 vol. in-8.° avec le texte. Paris, 1803. . . 12 l.

Fêtes et Courtisannes de la Grèce, supplément aux Voyages d'Anacharsis et d'Antenor, deuxième édit. revue et augmentée de 14 fig. 4 vol. in-8°. Paris , 1804.   24 l.

—— 4. vol. in-12.   .   .   .   12 l.

Tables portatives de logarithmes , par Callet , in-8.° Paris , 1806.   .   .   .   .   13 l.

Traité des accouchemens , des maladies des femmes , de l'éducation médicale des enfans, et des maladies propres à cet âge , par Gardien , 4 vol. in-8.° Paris , 1807.   .   .   .   .   22 l. 10 s.

Traité des maladies des femmes enceintes , des femmes en couche , et des enfans nouveaux nés , précédé du mécanisme des accouchemens , rédigé d'après les leçons de Petit, par Baignères , 2 vol. in-8°. Paris , 1806.   .   .   .   .   6 l.

Nouveaux Elémens de la science de l'homme , par Barthès , 2 vol. in-8°. Paris , 1806.   .   13 l.

Hygiène domestique , ou l'art de conserver la santé et de prolonger la vie , par Willich , trad. de l'anglais par Itard , 2 vol. in-8.° Paris , 1802.   .   6 l.

Vaccine combattue dans le pays où elle a pris naissance, in-8°. fig. col. Paris , 1807.   .   5 l.

Voyages dans l'Asie mineure et en Grèce , dans les années 1764 , 65 et 66 , par Chandler , 3 vol. in-8.° cartes et fig. trad. de l'anglais. Paris , 1806.   18 l.

Leçons de littérature et de morale , par Noël et Delaplace , 2 vol. in-8°. Paris , 1805.   .   10 l. 10 s.

Traité élémentaire d'histoire naturelle, par Duméril , 2 vol. in-8.° fig. Paris , 1807.   .   10 l.

Zoologie analytique, ou méthode naturelle des classifications des animaux rendue plus facile à l'aide des tableaux synoptiques, par Duméril. in-8°. Paris, 1806.   .   .   .   .   6 l. 10 s.

Traité élémentaire de physique, par Hauy , 2 vol. in-8°. fig. Paris , 1806.   .   .   .   12 l.

Traité élémentaire de physique , de chimie et de physico-mathématiques, par Jumelin , in-8.° fig. 1806, ...   8 l.

Essai de statique chimique, par Bertholet, 2 vol. in-8°. Paris , 1803.   .   .   .   .   12 l.

(7)

Élémens de l'art de la teinture , avec une description du blanchiment par l'acide muriatique oxigéné , par Bertholet 2 vol. in-8.º Paris , 1804. . 12 l.

Cours théorique et pratique sur l'art de la teinture des laines , soie , fil , coton , fabrique d'indienne en grand et petit teint , par Homassel , revu par Bouillon-Lagrange , in-8º. Paris , 1807. . . . 5 l.

Manuel d'un cours de chimie, ou Principes élémentaires théoriques et pratiques de cette science , par Bouillon-Lagrange , 3 vol. in-8º. Paris , r802. . 18 l.

Manuel du pharmacien , par le même, in-8º. Paris , 1803. . . . . 6 l.

Leçons élémentaires de chimie, à l'usage des Lycées , in-8º. Paris , 1804. . . . 6 l.

Chimie appliquée aux Arts , par Chaptal , 4 vol. in-8.º Paris , 1807. . . . 27 l.

Physique mécanique de Fischer , trad. de l'allemand, par Biot, in-8º. fig. Paris , 1806. . 6 l.

Recherches historiques et médicales sur la fièvre jaune, par Dalmas , in-8.º Paris , 1805. . 3 l.

Chimie nouvelle de l'odorat et du goût , ou l'Art de composer les liqueurs et eaux de senteur , 2 vol. in-8º. 1800. . . . . 10 l.

Cours de physique et de chimie , par Jacotot , 2 vol. in-8.º atlas in-4.º contenant 61 planch. Paris. 12 l.

Essai de géométrie analytique appliquée aux courbes et aux surfaces du second ordre , par Biot , in-8º. Paris , 1805. . . . . . 5 l.

Traité élémentaire d'astronomie physique , par Biot , 2 vol. in-8º. Paris , 1806. . 10 l.

Histoire de l'astronomie ancienne et moderne , par Bailly , 2 vol. in-8º. Paris , 1805. . 9 l.

Application de l'analyse à la géométrie, à l'usage de l'école impériale polytechnique , par Monge , in-4º. Paris , 1807. . . . 15 l.

Traité de géodésie, ou exposition des méthodes astronomiques et trigonométriques , appliquées soit à la mesure de la terre , soit à la confection du canevas des cartes et places, par Puissant , in-4º. fig. Paris , 1805. 18 l.

Recherches arithmétiques , par Gauss, in-4.º Paris , 1807. . . . . 18 l.

(8)

Nouvelle méthode pour la résolution des équations numériques d'un degré quelconque, par Budan , in-4°. Paris , 1807. . . . . . . 15 l.

Essai sur l'histoire générale des mathématiques , par Bossut , 2 vol. in-8°. Paris , 1802. . 12 l.

Vies des hommes illustres de Plutarque , trad. par Amyot avec les notes de Brottier et Vauvilliers, augmentées par Clavier , 25 vol. in-8°. ornés de fig. et portraits, nouv. édit. Paris , 1803. . . 160 l.

Histoire universelle, par une société de gens de lettres, 46 vol. in-4°. reliés. . . . . 400 l.

— — in-8°. 126 vol. reliés. . 480 l.

Œuvres complètes de Condorcet, 21 vol. in-8°. 1804. . . . . 108 l.

— — complètes de Buffon, 124 vol. in-8° fig. . 620 l.

Œuvres d'Homère , traduites par Bitaubé , 14 vol. in-18. . . . . 18 l.

— — de Voltaire , avec les observations de Palissot, 55 vol. in-8°. . . . 160 l.

— — édition de Beaumarchais , 70 vol. in-8°. à 6 l. le vol. . . . . . . 420 l.

— — 70 vol. in-8°. à 4 l. le vol. . 280 l.

— — 92 vol. in-12. . . 210 l.

— de Rousseau , édit. de Poinçot , 38 vol. in-8°. fig. Paris. . . . . 160 l.

Mémoires d'un témoin de la Révolution, ou Journal de Mr. Bailly, maire de Paris, 2 vol. in-8°. Paris, 1804. . . . . 10 l. 10 s.

De l'Institution des sociétés politiques, ou Théorie des gouvernemens, par Fantin Désodoarts, in-8°. Paris, 1807. . . . . . 5 l.

Code de Commerce, avec les motifs, in-18. 1807. . . . . . . 1 l. 5 s.

Idem. sans motifs. . . . . 1 l.

Elémens de l'Histoire d'Allemagne , par Millot , 3 vol. in-12. Paris , 1807. . . . . 8 l.

...e s'il existe un plus grand commun diviseur entre

$$2800y^2 + 288 \quad \text{et} \quad -12y^7 - 96y^5 + 588y^3 - 480y.$$

... $2(y+1)(y-1)$, facteurs qui ne sont pas ...
... après avoir supprimé ces facteurs dans (5), ou ...
... diviseur du premier degré en x,

$$\dots - 4y^6 - (44) \dots - 6y^5 - 54y^3 + 240y \dots (6);$$

... ération, on parvient à l'équation finale

$$3024y^{12} - 42012y^8 - 88128y^5 + 459648y^4 - 746496y^2$$
$$+ 248832 = 0,$$

... sée par 27 devient

$$y^{12} - 112y^{10} + 156y^8 + 3264y^5 - 17024y^4$$
$$+ 27648y^2 - 9216 = 0 \dots (7),$$

... on traitée (chap. 28) donne les racines

$$\dots 2 \; ; \; y = \pm \tfrac{2}{3} \; ; \; y = \pm \sqrt{6} \; ; \; y = \pm \sqrt{-6},$$

... mière double ± 2 se répète trois fois : la substitu-
... valeurs de y dans (6) donne ces valeurs correspon-

$$\dots 3 \; ; \; x = \pm 1 \; ; \; x = \pm \sqrt{6} \; ; \; x = \mp \sqrt{-6}.$$

... de plus, en égalant à zéro le facteur commun
... s (5), ces racines

$$y = +1 \; ; \; y = -1,$$

... respondent les suivantes pour x

$$x = \pm 1 \; ; \; x = \pm 1.$$

... donc tous les systèmes de valeurs de x et de y
... t aux deux équations proposées, en observant

que les deux dernières racines y ne se trouvent
l'équation finale.

Un calculateur exercé et attentif ne se serait
dans des calculs aussi laborieux ; il aurait décou
deux équations proposées sont décomposables dans

$$yx\,(x^2-1)-6\,(x^2-1)=0,$$
$$2x\,(x^2-y^2)-3y\,(x^2-y^2)=0,$$

ou plus simplement dans ceux-ci

$$(yx-6)\,(x+1)\,(x-1)=0$$
$$(2x-3y)\,(x+y)\,(x-y)=0.$$

Sous cette forme et en posant successivement

$$2x-3y=0\ldots\ldots yx-6=0$$
$$2x-3y=0\ldots\ldots x+1=0$$
$$2x-3y=0\ldots\ldots x-1=0$$
$$x+y=0\ldots\ldots yx-6=0$$
$$x+y=0\ldots\ldots x+1=0$$
$$x+y=0\ldots\ldots x-1=0$$
$$x-y=0\ldots\ldots yx-6=0$$
$$x-y=0\ldots\ldots x+1=0$$
$$x-y=0\ldots\ldots x-1=0,$$

on découvre tous les systèmes de valeurs de x e
satisfont aux équations proposées. C'est sur des équ
posées à l'instar des deux précédentes, que les Elè
s'exercer à la pratique de l'élimination.

322. L'examen précédent nous conduit naturelle
d'une particularité dont ce système d'équations

$$y^2\,(y-1)\,x^3+y\,(y-1)\,x^2$$
$$+\{y^2\,(y+1)+y\,(y-1)\}\,x+y-1=$$
$$y\,(y-1)\,x^2+(y-1)\,x+y\,(y+1)=$$